2019 中国生态环境统计年报

ANNUAL STATISTIC REPORT ON ECOLOGY AND ENVIRONMENT IN CHINA

中华人民共和国生态环境部　编
MINISTRY OF ECOLOGY AND ENVIRONMENT OF THE PEOPLE'S REPUBLIC OF CHINA

中国环境出版集团 · 北京

图书在版编目（CIP）数据

中国生态环境统计年报. 2019 /中华人民共和国生态环境部编.—北京：中国环境出版集团，2021.7

ISBN 978-7-5111-4787-5

Ⅰ. ①中… Ⅱ. ①中… Ⅲ. ①环境统计－统计资料－中国—2019—年报 Ⅳ. ①X508.2-54

中国版本图书馆 CIP 数据核字（2021）第 133278 号

出 版 人 武德凯
责任编辑 殷玉婷
责任校对 任 丽
封面设计 彭 杉

出版发行 中国环境出版集团
（100062 北京市东城区广渠门内大街 16 号）
网 址：http://www.cesp.com.cn
电子邮箱：bjgl@cesp.com.cn
联系电话：010-67112765（编辑管理部）
发行热线：010-67125803，010-67113405（传真）

印 刷 北京中科印刷有限公司
经 销 各地新华书店
版 次 2021 年 7 月第 1 版
印 次 2021 年 7 月第 1 次印刷
开 本 880×1230 1/16
印 张 8.5
字 数 186 千字
定 价 120.00 元

编 委 会

《中国生态环境统计年报 2019》

各章编写作者

综　述	董广霞
第 1 章　调查对象	董广霞
第 2 章　废水污染物	吕　卓
第 3 章　废气污染物	李　曼
第 4 章　工业固体废物和危险废物	赵银慧
第 5 章　污染治理设施	赵文江
第 6 章　生态环境污染治理投资	李　曼
第 7 章　生态环境管理	王　鑫
第 8 章　全国辐射环境水平	王　蕾
第 9 章　各地区污染排放及治理统计	赵文江
第 10 章　各工业行业污染排放及治理统计	赵文江
第 11 章　各地区生态环境管理统计	王　鑫
第 12 章　主要生态环境统计指标解释	赵文江

编者说明

一、本年报资料覆盖全国 31 个省（自治区、直辖市）及新疆生产建设兵团数据，未包括香港特别行政区、澳门特别行政区以及台湾省数据。

二、本年报主要反映中国环境污染排放、治理及环境管理情况。主要内容包括调查对象基本情况、废水污染物排放情况、废气污染物排放情况、工业固体废物和危险废物产生及处理情况、污染治理设施情况、环境污染治理投资、环境管理和全国辐射环境水平等。

三、统计范围

本年报统计范围为有污染物排放的工业污染源（以下简称工业源）、农业污染源（以下简称农业源）、生活污染源（以下简称生活源）、集中式污染治理设施和移动源。

工业源包括《国民经济行业分类》（GB/T 4754—2017）中行业代码为 05～46 的 42 个大类行业。

工业企业污染防治投资情况的年报范围为调查年度内施工的老工业源的污染治理项目投资，以及当年完成“三同时”环保验收的工业类建设项目环保投资。

农业源包括畜禽养殖业中的大型畜禽养殖场（生猪设计年出栏量≥5 000 头、奶牛设计年存栏量≥500 头、肉牛设计年出栏量≥1 000 头、蛋鸡年设计存栏量≥15 万羽、肉鸡年设计出栏量≥30 万羽）。

生活源包括《国民经济行业分类》（GB/T 4754—2017）中的第三产业以及城镇居民生活源；生活源废气污染物排放包括农村生活源。

集中式污染治理设施包括集中式污水处理单位、生活垃圾集中处理处置单位、危险废物集中利用处置（处理）单位。

移动源包括机动车污染源。

环境管理反映环保系统自身能力建设、业务工作进展及成果等情况，调查范围主要包括环境信访、环境法制及环境应急情况，环境科技与标准情况，环境影响评价情况，环境监测情况，自然生态保护与建设情况，辐射环境监测情况，环境监察执法情况等方面的内容。

四、与《中国环境统计年报 2015》相比，删减了“2.废水污染物中重点流域、沿海地区废水污染物排放情况”“3.大气污染防治重点区域废气污染物排放情况”等内容。

五、本年报中所有分项加和、合计值与占比数据修约均根据原始统计数据进行计算及进位，与修约后的数据直接计算结果可能有所不同。

目录

II

IV

12 主要生态环境统计指标解释 105～124

综　述

2019 年是新中国成立 70 周年，也是打好污染防治攻坚战、决胜全面建成小康社会的关键之年。在以习近平同志为核心的党中央坚强领导下，各级生态环境部门以习近平新时代中国特色社会主义思想为指导，坚决贯彻党中央、国务院决策部署，深入领会党的十九大和十九届二中、三中、四中全会精神，全面落实习近平生态文明思想和全国生态环境保护大会要求，坚持以改善生态环境质量为核心，协同推动经济高质量发展和生态环境高水平保护，推动污染防治攻坚战取得关键进展。

2019 年，全国废水中化学需氧量排放量为 567.1 万吨，其中，工业源废水中化学需氧量排放量为 77.2 万吨，农业源化学需氧量排放量为 18.6 万吨，生活源污水中化学需氧量排放量为 469.9 万吨，集中式污染治理设施废水（含渗滤液）中化学需氧量排放量为 1.4 万吨。全国废水中氨氮排放量为 46.3 万吨，其中，工业源废水中氨氮排放量为 3.5 万吨，农业源氨氮排放量为 0.4 万吨，生活源污水中氨氮排放量为 42.1 万吨，集中式污染治理设施废水（含渗滤液）中氨氮排放量为 0.3 万吨。

2019 年，全国废气中二氧化硫排放量为 457.3 万吨，其中，工业源废气中二氧化硫排放量为 395.4 万吨，生活源废气中二氧化硫排放量为 61.3 万吨，集中式污染治理设施废气中二氧化硫排放量为 0.6 万吨。全国废气中氮氧化物排放量为 1 233.9 万吨，其中，工业源废气中氮氧化物排放量为 548.1 万吨，生活源废气中氮氧化物排放量为 49.7 万吨，移动源废气中氮氧化物排放量为 633.6 万吨，集中式污染治理设施废气中氮氧化物排放量为 2.4 万吨。全国废气中颗粒物排放量为 1 088.5 万吨，其中，工业源废气中颗粒物排放量为 925.9 万吨，生活源废气中颗粒物排放量为 154.9 万吨，移动源废气中颗粒物排放量为 7.4 万吨，集中式污染治理设施废气中颗粒物排放量为 0.3 万吨。

2019 年，全国一般工业固体废物产生量为 44.1 亿吨，综合利用量为 23.2 亿吨，处置量为 11.0 亿吨。全国工业危险废物产生量为 8 126.0 万吨，利用处置量为 7 539.3 万吨。

2019 年，调查统计城镇污水处理厂 9 322 家，设计处理能力为 2.5 亿吨/日，共处理废水 742.7 亿吨；调查统计生活垃圾处理场（厂）2 438 家，生活垃圾填埋量 2.0 亿吨、焚烧量 1.3 亿吨；调查统计危险废物集中处理厂 1 325 家、医疗废物集中处理厂 338 家，实际处置危险废物 1 497.4 万吨。

1

调查对象

1.1 调查对象总体情况

工业源调查采取对重点调查单位逐家调查，农业源调查采取对大型畜禽养殖场逐家调查，生活源调查采取以地市级行政单位为单位整体调查，集中式污染治理设施调查采取逐家调查，移动源调查采取以省级行政单位为单位整体调查。

2019 年，工业源、农业源和集中式污染治理设施调查对象共 195 958 家，其中，工业企业 173 650 家，大型畜禽养殖场 8 885 家，污水处理厂 9 322 家，生活垃圾处理厂（场）2 438 家，危险废物集中处理厂 1 325 家，医疗废物集中处理厂 338 家。调查对象数量排名前 3 位的地区依次为广东、浙江和河北，分别为 21 342 家、19 796 家和 14 007 家。2019 年各地区调查对象数量分布情况见图 1-1。

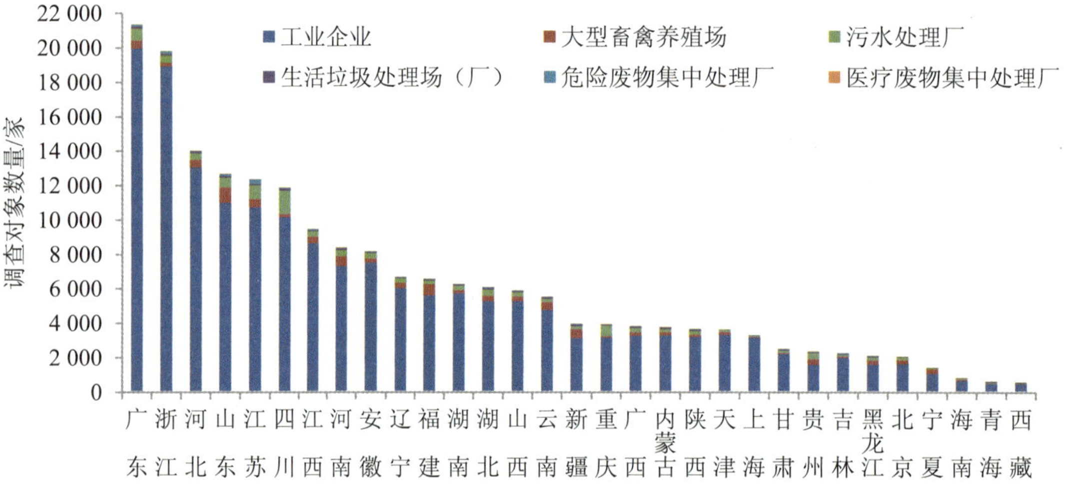

图 1-1　2019 年各地区调查对象数量分布情况

1.2 工业源调查基本情况

2019 年，全国共调查了 173 650 家工业企业，其中，有废水及废水污染物排放的企业 78 447 家，有废气及废气污染物排放的企业 146 844 家，有一般工业固体废物产生的企业 110 161 家，有工业危险废物产生的企业 70 466 家。

调查工业企业数量排名前 3 位的依次为广东、浙江和河北，分别为 19 927 家、18 902 家和 13 022 家。2019 年各地区调查工业企业数量分布情况见图 1-2。

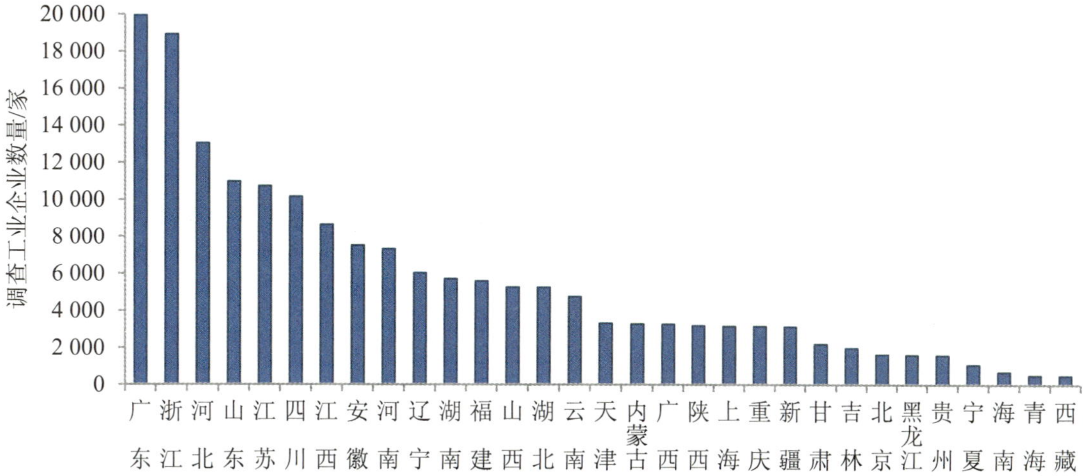

图 1-2　2019 年各地区调查工业企业数量分布情况

1.3　农业源调查基本情况

2019 年，全国共调查了 8 885 家大型畜禽养殖场，其中，生猪养殖场 4 746 家，奶牛养殖场 1 609 家，肉牛养殖场 448 家，蛋鸡养殖场 692 家，肉鸡养殖场 1 390 家。调查大型畜禽养殖场数量排名前 3 位的地区依次为山东、福建和河南，分别为 905 家、672 家和 573 家。2019 年各地区调查大型畜禽养殖场数量分布情况见图 1-3。

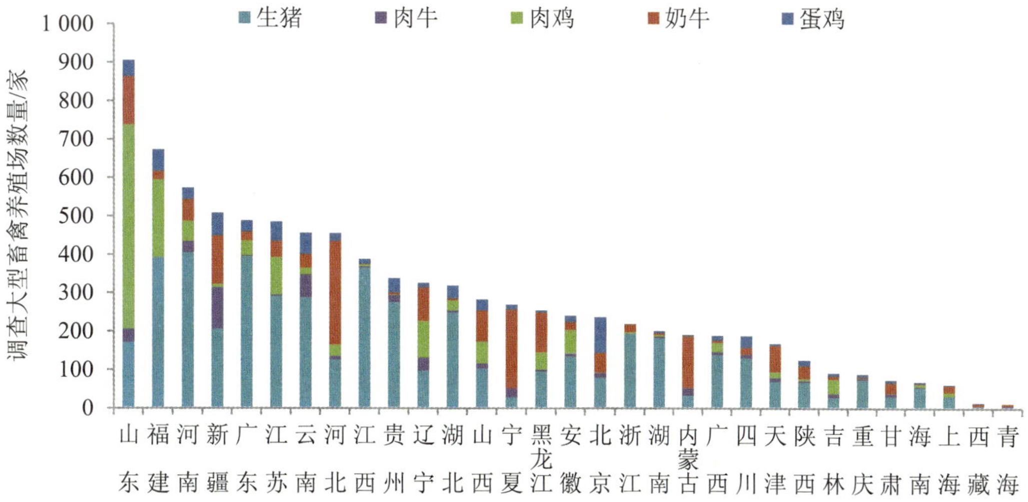

图 1-3　2019 年各地区调查大型畜禽养殖场数量分布情况

1.4 生活源调查基本情况

2019 年，对全国 31 个省（自治区、直辖市）和新疆生产建设兵团的 388 个地市级行政单位开展了生活源统计调查。

1.5 集中式污染治理设施调查基本情况

2019 年，全国共调查了 9 322 家污水处理厂、2 438 家生活垃圾处理场（厂）、1 325 家危险废物集中处理厂、338 家医疗废物集中处理厂。集中式污染治理设施调查数量排名前 3 位的地区依次为四川、江苏和广东，分别为 1 546 家、1 153 家和 927 家。2019 年各地区集中式污染治理设施数量分布情况见图 1-4。

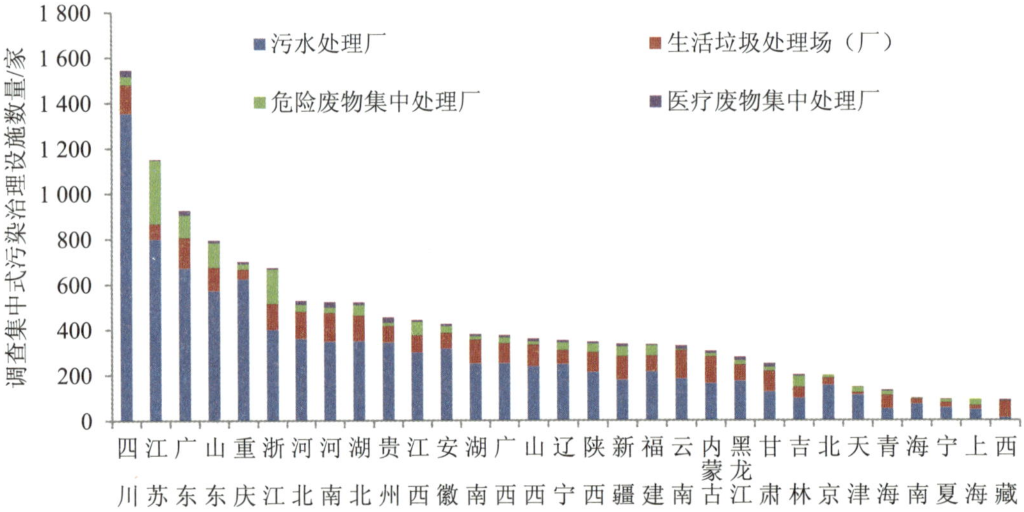

图 1-4 2019 年各地区集中式污染治理设施数量分布情况

1.6 移动源调查基本情况

2019 年，对全国 31 个省（自治区、直辖市）开展了移动源统计调查。

2

废水污染物

2.1 化学需氧量排放情况

2.1.1 全国及分源排放情况

2019 年，全国废水中化学需氧量排放量为 567.1 万吨。其中，工业源化学需氧量排放量为 77.2 万吨，占全国化学需氧量排放量的 13.6%；农业源化学需氧量排放量为 18.6 万吨，占全国化学需氧量排放量的 3.3%；生活源化学需氧量排放量为 469.9 万吨，占全国化学需氧量排放量的 82.9%；集中式污染治理设施废水（含渗滤液）中化学需氧量排放量为 1.4 万吨，占全国化学需氧量排放量的 0.3%。2019 年全国及分源化学需氧量排放情况见表 2-1。

表 2-1 2019 年全国及分源化学需氧量排放情况

排放源	合计	工业源	农业源	生活源	集中式污染治理设施
排放量/万吨	567.1	77.2	18.6	469.9	1.4
占比/%	—	13.6	3.3	82.9	0.3

注：①农业源数据为大型畜禽养殖场统计调查数据。

②集中式污染治理设施废水中污染物排放量指生活垃圾处理场（厂）和危险废物（医疗废物）集中处理厂垃圾废水（含渗滤液）中污染物的排放量。

③本年报表中“—”表示无此项指标或不宜计算。

2.1.2 各地区及分源排放情况

2019 年，化学需氧量排放量大于 30 万吨的地区有 7 个，依次为广东、江苏、安徽、四川、广西、江西和湖南。7 个地区的化学需氧量排放量合计为 274.2 万吨，占全国化学需氧量排放量的 48.3%。生活源化学需氧量排放量排名前 3 位的地区依次为广东、江苏和安徽。工业源化学需氧量排放量排名前 3 位的地区依次为江苏、广东和山东。2019 年各地区化学需氧量排放情况见图 2-1。

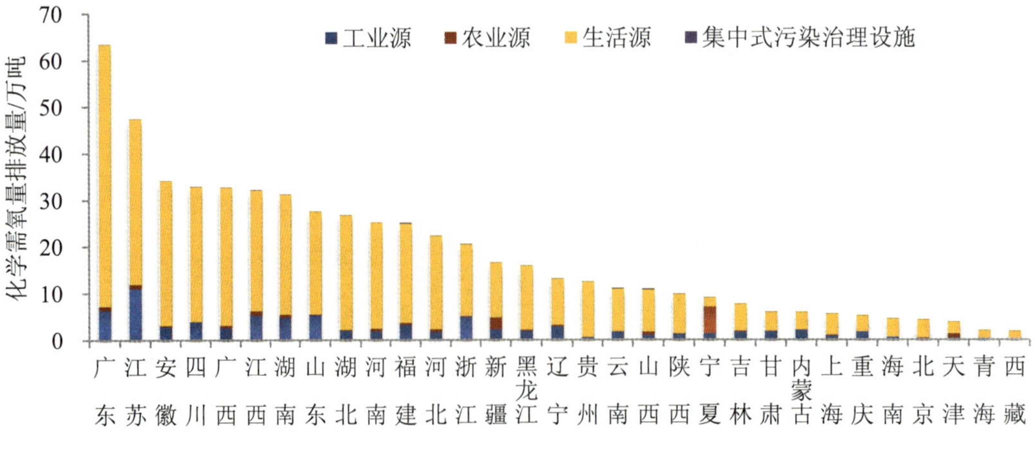

图 2-1 2019 年各地区化学需氧量排放情况

2.1.3 各工业行业排放情况

2019 年，各工业行业中化学需氧量排放量排名前 4 位的行业依次为农副食品加工业、造纸和纸制品业、纺织业、化学原料和化学制品制造业。4 个行业排放量合计为 44.0 万吨，占工业源化学需氧量排放量的 57.0%。2019 年工业行业化学需氧量排放情况见图 2-2。

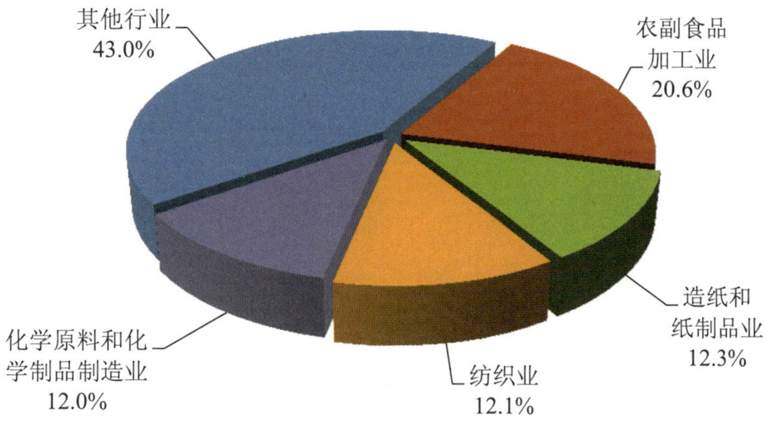

图 2-2　2019 年工业行业化学需氧量排放情况

2.2 氨氮排放情况

2.2.1 全国及分源排放情况

2019 年，全国废水中氨氮排放量为 46.3 万吨。其中，工业源氨氮排放量为 3.5 万吨，占全国氨氮排放量的 7.5%；农业源氨氮排放量为 0.4 万吨，占全国氨氮排放量的 0.8%；生活源氨氮排放量为 42.1 万吨，占全国氨氮排放量的 91.1%；集中式污染治理设施废水（含渗滤液）中氨氮排放量为 0.3 万吨，占全国氨氮排放量的 0.6%。2019 年全国及分源氨氮排放情况见表 2-2。

表 2-2　2019 年全国及分源氨氮排放情况

排放源	合计	工业源	农业源	生活源	集中式污染治理设施
排放量/万吨	46.3	3.5	0.4	42.1	0.3
占比/%	—	7.5	0.8	91.1	0.6

2.2.2 各地区及分源排放情况

2019 年，氨氮排放量大于 2 万吨的地区有 9 个，依次为广东、四川、江苏、湖南、江西、广西、山东、湖北和河南。9 个地区的氨氮排放量合计为 26.1 万吨，占全国氨氮排放量的 56.5%。生活源氨氮排放量排名前 3 位的地区依次为广东、四川和湖南。工业源氨氮排放量排名前 3 位的地区依次为江苏、江西和山东。2019 年各地区氨氮排放情况见图 2-3。

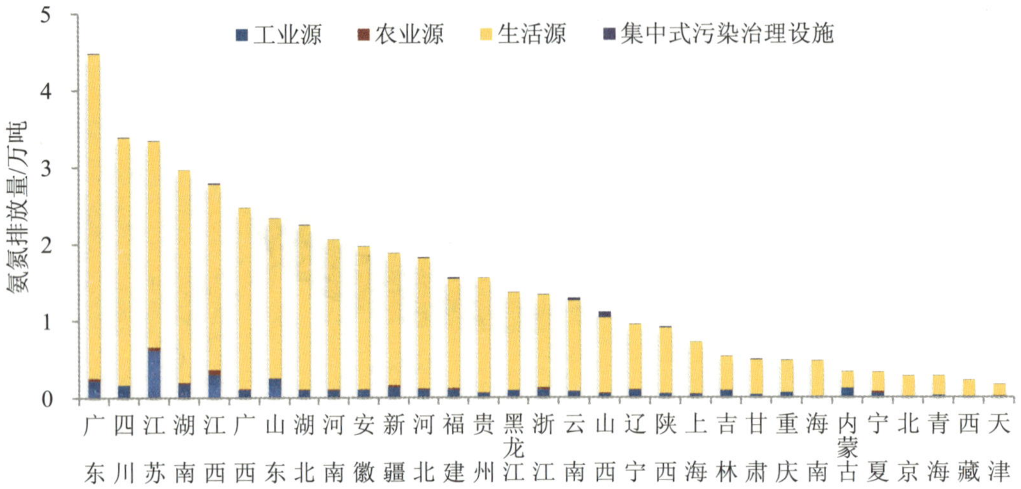

图 2-3　2019 年各地区氨氮排放情况

2.2.3 各工业行业排放情况

2019 年，各工业行业中氨氮排放量排名前 4 位的行业依次为化学原料和化学制品制造业、农副食品加工业、食品制造业、纺织业。4 个行业排放量合计为 2.0 万吨，占全国工业源氨氮排放量的 56.7%。2019 年各工业行业氨氮排放情况见图 2-4。

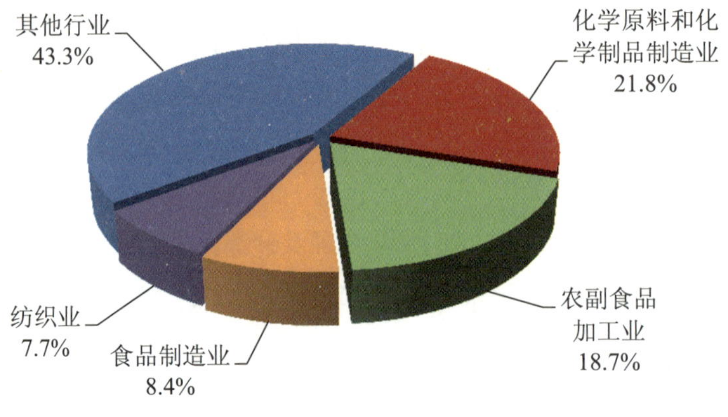

图 2-4　2019 年各工业行业氨氮排放情况

2.3 总氮排放情况

2.3.1 全国及分源排放情况

2019 年，全国废水中总氮排放量为 117.6 万吨。其中，工业源总氮排放量为 13.4 万吨，占全国总氮排放量的 11.4%；农业源总氮排放量为 1.3 万吨，占全国总氮排放量的 1.1%；生活源总氮排放量为 102.4 万吨，占全国总氮排放量的 87.1%；集中式污染治理设施废水（含渗滤液）中总氮排放量为 0.4 万吨，占全国总氮排放量的 0.4%。2019 年全国及分源总氮排放情况见表 2-3。

表 2-3　2019 年全国及分源总氮排放情况

排放源	合计	工业源	农业源	生活源	集中式污染治理设施
排放量/万吨	117.6	13.4	1.3	102.4	0.4
占比/%	—	11.4	1.1	87.1	0.4

2.3.2 各地区及分源排放情况

总氮排放量大于 5 万吨的地区有 8 个，依次为广东、江苏、四川、山东、河南、湖南、浙江和湖北。8 个地区的总氮排放量合计为 58.8 万吨，占全国总氮排放量的 49.9%。生活源总氮排放量排名前 3 位的地区依次为广东、江苏和四川。工业源总氮排放量排名前 3 位的地区依次为江苏、山东和广东。2019 年各地区总氮排放情况见图 2-5。

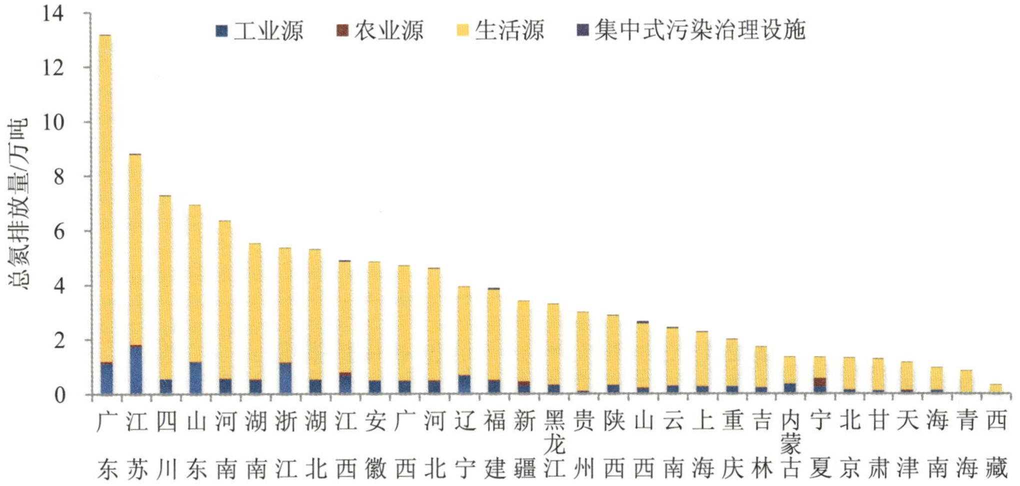

图 2-5　2019 年各地区总氮排放情况

2.3.3 各工业行业排放情况

2019 年，各工业行业中总氮排放量排名前 4 位的行业依次为化学原料和化学制品制造业、农副食品加工业、纺织业、食品制造业。4 个行业排放量合计为 7.7 万吨，占全国工业源总氮排放量的 57.0%。2019 年各工业行业总氮排放情况见图 2-6。

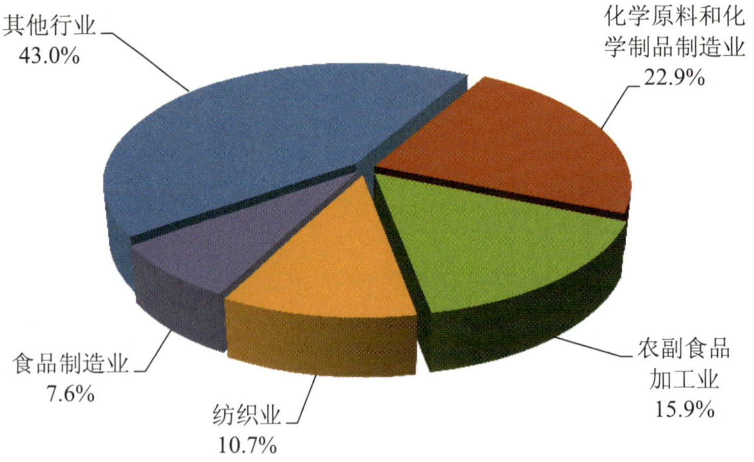

图 2-6　2019 年各工业行业总氮排放情况

2.4 总磷排放情况

2.4.1 全国及分源排放情况

2019 年，全国废水中总磷排放量为 5.9 万吨。其中，工业源总磷排放量为 0.8 万吨，占全国总磷排放量的 12.9%；农业源总磷排放量为 0.2 万吨，占全国总磷排放量的 3.1%；生活源总磷排放量为 5.0 万吨，占全国总磷排放量的 83.9%；集中式污染治理设施废水（含渗滤液）中总磷排放量为 94.7 吨，占全国总磷排放量的 0.2%。2019 年全国及分源总磷排放情况见表 2-4。

表 2-4　2019 年全国及分源总磷排放情况

排放源	合计	工业源	农业源	生活源	集中式污染治理设施
排放量	5.9 万吨	0.8 万吨	0.2 万吨	5.0 万吨	94.7 吨
占比/%	—	12.9	3.1	83.9	0.2

2.4.2 各地区及分源排放情况

总磷排放量大于 0.3 万吨的地区有 6 个，依次为广东、江西、湖南、江苏、广西和四川。6 个地区的总磷排放量合计为 2.8 万吨，占全国总磷排放量的 47.1%。生活源总磷排放量排名前 3 位的地区依次为广东、江西、湖南。工业源总磷排放量排名前 3 位的地区依次为江苏、广东、山东。2019 年各地区总磷排放情况见图 2-7。

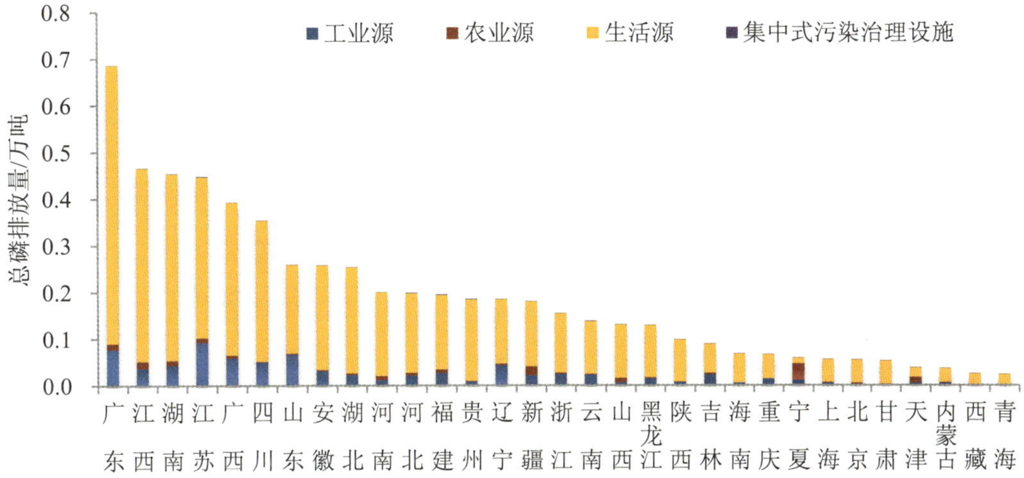

图 2-7 2019 年各地区总磷排放情况

2.4.3 各工业行业排放情况

2019 年，各工业行业中总磷排放量排名前 4 位的行业依次为农副食品加工业、化学原料和化学制品制造业、食品制造业、医药制造业。4 个行业排放量合计为 0.5 万吨，占全国工业源总磷排放量的 59.3%。

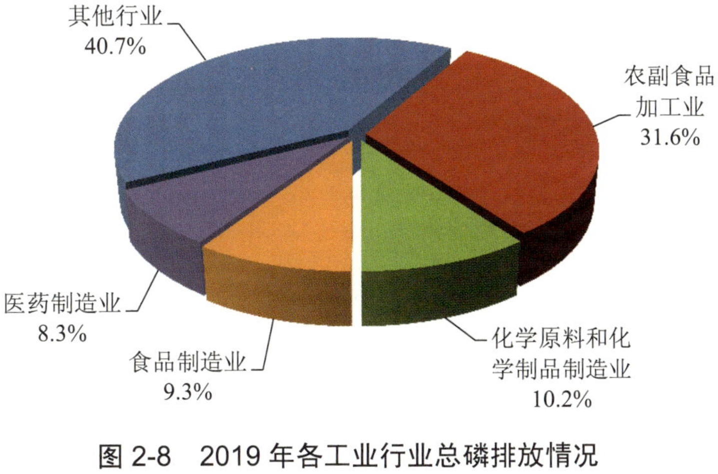

图 2-8 2019 年各工业行业总磷排放情况

2.5 其他污染物排放情况

2019 年，全国废水中石油类排放量为 0.6 万吨，挥发酚排放量为 147.1 吨，氰化物排放量为 38.3 吨，重金属排放量为 120.7 吨。2019 年全国废水中其他污染物排放情况见表 2-5。

表 2-5 2019 年全国废水中其他污染物排放情况 单位：吨

污染物 / 排放源	石油类	挥发酚	氰化物	重金属
工业源	6 293.0	147.1	38.2	117.6
集中式污染治理设施	—	0.02	0.06	3.1
合计	6 293.0	147.1	38.3	120.7

3

废气污染物

3.1 二氧化硫排放情况

3.1.1 全国及分源排放情况

2019 年，全国二氧化硫排放量为 457.3 万吨。其中，工业源二氧化硫排放量为 395.4 万吨，占全国二氧化硫排放量的 86.5%；生活源二氧化硫排放量为 61.3 万吨，占全国二氧化硫排放量的 13.4%；集中式污染治理设施二氧化硫排放量为 0.6 万吨，占全国二氧化硫排放量的 0.1%。2019 年全国二氧化硫排放情况见表 3-1。

表 3-1　2019 年全国二氧化硫排放情况

排放源	合计	工业源	生活源	集中式污染治理设施
排放量/万吨	457.3	395.4	61.3	0.6
占比/%	—	86.5	13.4	0.1

注：集中式污染治理设施包括生活垃圾处理场（厂）和危险废物（医疗废物）集中处理厂焚烧废气中排放的污染物，下同。

3.1.2 各地区及分源排放情况

2019 年，二氧化硫排放量超过 30 万吨的地区是内蒙古，其二氧化硫排放量占全国二氧化硫排放量的 7.7%。工业源二氧化硫排放量最大的地区是内蒙古，生活源二氧化硫排放量最大的地区是湖南。2019 年各地区二氧化硫排放情况见图 3-1。

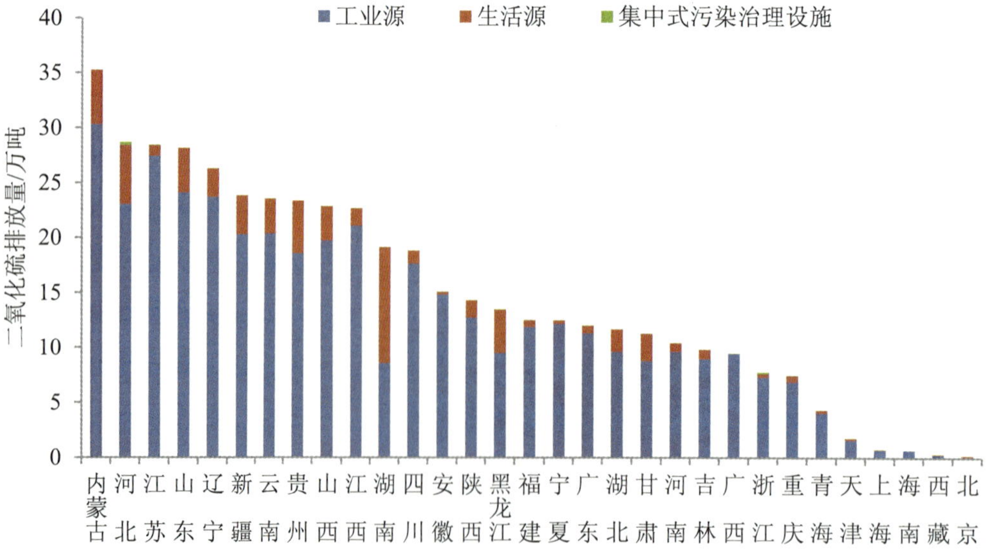

图 3-1　2019 年各地区二氧化硫排放情况

3.1.3 各工业行业排放情况

3.1.3.1 行业总体情况

2019 年，在调查统计的 42 个工业行业中，二氧化硫排放量排名前 3 位的行业依次为非金属矿物制品业，电力、热力生产和供应业，黑色金属冶炼和压延加工业。3 个行业的二氧化硫排放量合计为 262.0 万吨，占全国工业源二氧化硫排放量的 66.3%。2019 年各工业行业二氧化硫排放情况见图 3-2。

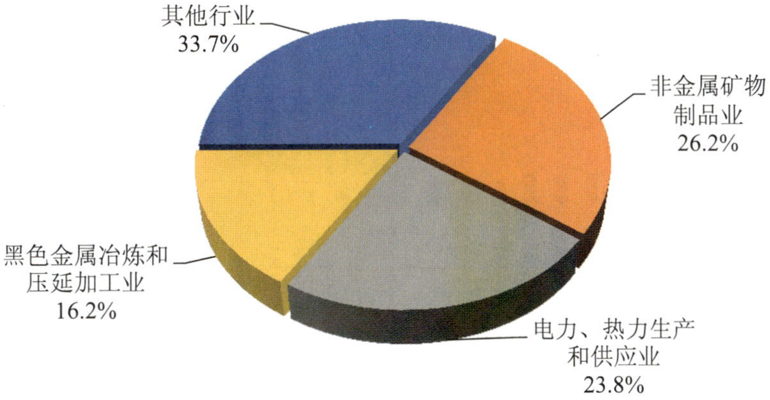

图 3-2 2019 年工业行业二氧化硫排放情况

3.1.3.2 电力、热力生产和供应业

2019 年，电力、热力生产和供应业二氧化硫排放量为 94.1 万吨，占全国工业源二氧化硫排放量的 23.8%。电力、热力生产和供应业二氧化硫排放量排名前 4 位的地区依次为贵州、内蒙古、辽宁和江苏。4 个地区的电力、热力生产和供应业二氧化硫排放量占全国电力、热力生产和供应业二氧化硫排放量的 35.0%。2019 年各地区电力、热力生产和供应业二氧化硫排放情况见图 3-3。

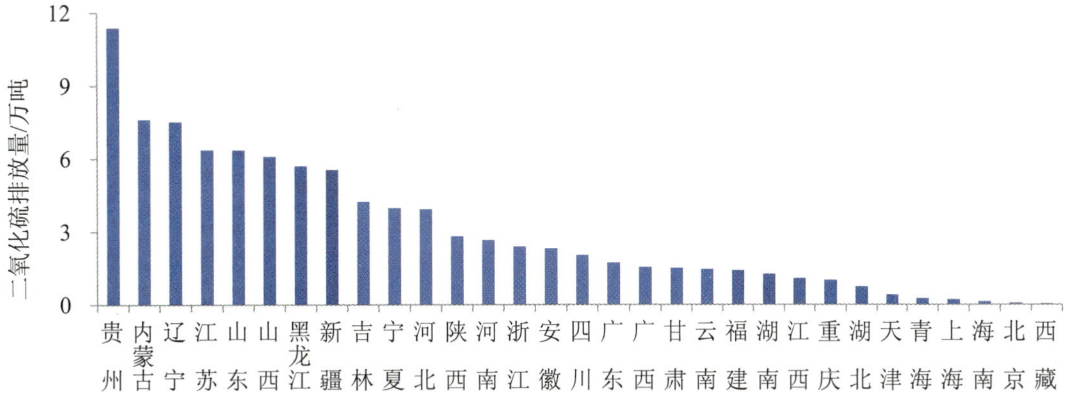

图 3-3 2019 年各地区电力、热力生产和供应业二氧化硫排放情况

2019 年，火力发电企业二氧化硫排放量为 38.0 万吨，占全国工业源二氧化硫排放量的 9.6%。火力发电企业二氧化硫排放量排名前 4 位的地区依次为贵州、内蒙古、江苏和陕西。4 个地区的火力发电企业二氧化硫排放量占全国火力发电企业二氧化硫排放量的 47.2%。2019 年各地区火力发电企业二氧化硫排放情况见图 3-4。

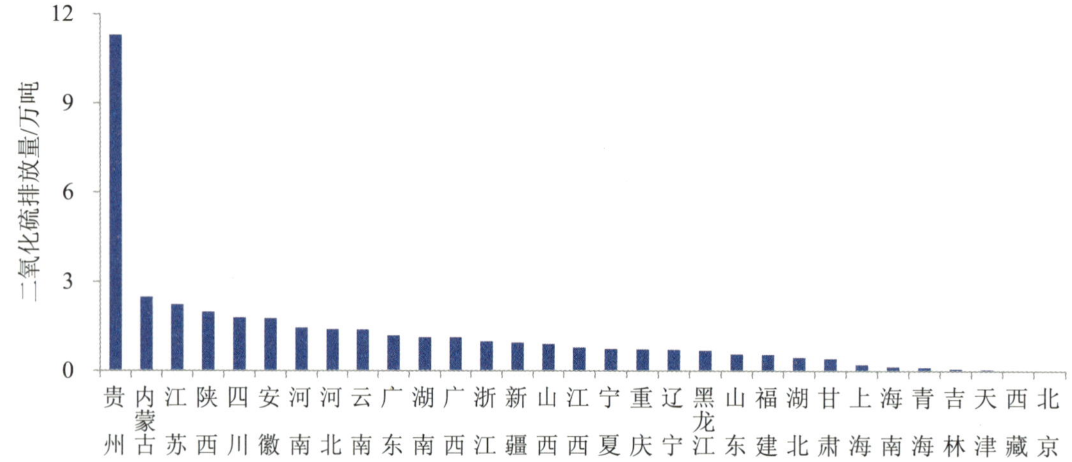

图 3-4　2019 年各地区火力发电企业二氧化硫排放情况

3.1.3.3　非金属矿物制品业

2019 年，非金属矿物制品业二氧化硫排放量为 103.7 万吨，占全国工业源二氧化硫排放量的 26.2%。非金属矿物制品业二氧化硫排放量排名前 4 位的地区依次为江西、安徽、云南和广东。4 个地区的非金属矿物制品业二氧化硫排放量占全国非金属矿物制品业二氧化硫排放量的 33.7%。2019 年各地区非金属矿物制品业二氧化硫排放情况见图 3-5。

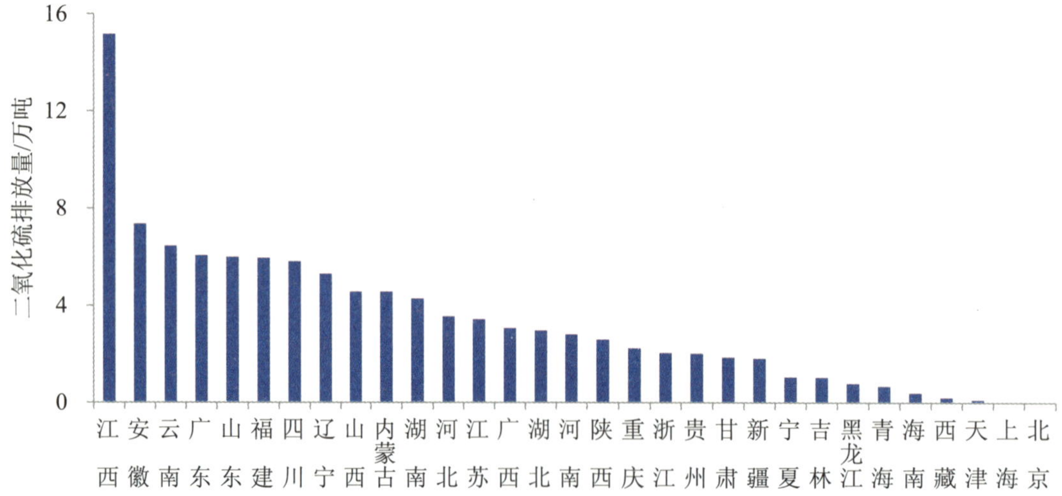

图 3-5　2019 年各地区非金属矿物制品业二氧化硫排放情况

3.1.3.4 黑色金属冶炼和压延加工业

2019 年，黑色金属冶炼和压延加工业二氧化硫排放量为 64.2 万吨，占全国工业源的 16.2%。黑色金属冶炼和压延加工业二氧化硫排放量排名前 4 位的地区依次为河北、江苏、内蒙古和辽宁。4 个地区的黑色金属冶炼和压延加工业二氧化硫排放量占全国黑色金属冶炼和压延加工业二氧化硫排放量的 46.8%。2019 年各地区黑色金属冶炼和压延加工业二氧化硫排放情况图 3-6。

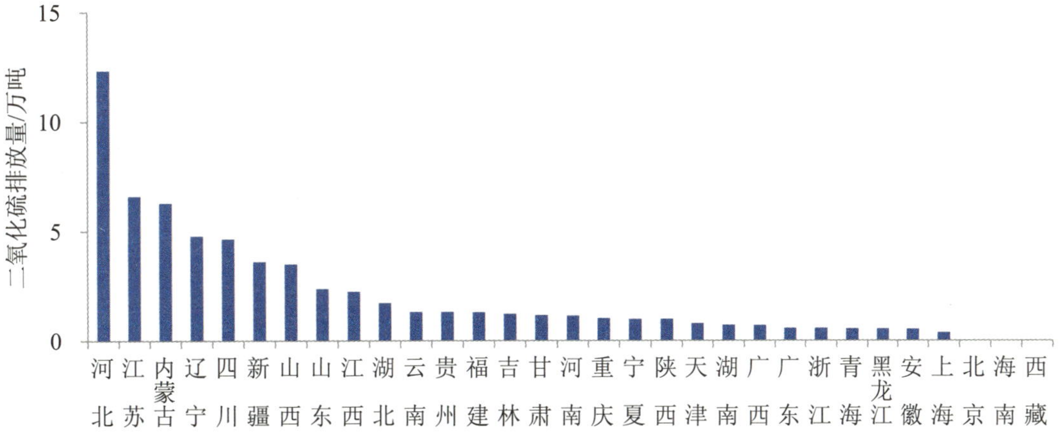

图 3-6 2019 年各地区黑色金属冶炼和压延加工业二氧化硫排放情况

3.2 氮氧化物排放情况

3.2.1 全国及分源排放情况

2019 年，全国氮氧化物排放量为 1 233.9 万吨。其中，工业源氮氧化物排放量为 548.1 万吨，占全国氮氧化物排放量的 44.4%；生活源氮氧化物排放量为 49.7 万吨，占全国氮氧化物排放量的 4.0%；机动车氮氧化物排放量为 633.6 万吨，占全国氮氧化物排放量的 51.4%；集中式污染治理设施氮氧化物排放量为 2.4 万吨，占全国氮氧化物排放量的 0.2%。2019 年全国氮氧化物排放情况见表 3-2。

表 3-2 2019 年全国氮氧化物排放情况

排放源	合计	工业源	生活源	机动车	集中式污染治理设施
排放量/万吨	1 233.9	548.1	49.7	633.6	2.4
占比/%	—	44.4	4.0	51.4	0.2

3.2.2 各地区及分源排放情况

2019 年，氮氧化物排放量超过 100 万吨的地区依次为山东和河北。2 个地区的氮氧化物排放量占全国氮氧化物排放量的 17.1%。工业源氮氧化物排放量最大的地区为江苏，生活源氮氧化物排放量最大的地区是湖南，机动车氮氧化物排放量最大的地区是山东。2019 年各地区氮氧化物排放情况见图 3-7。

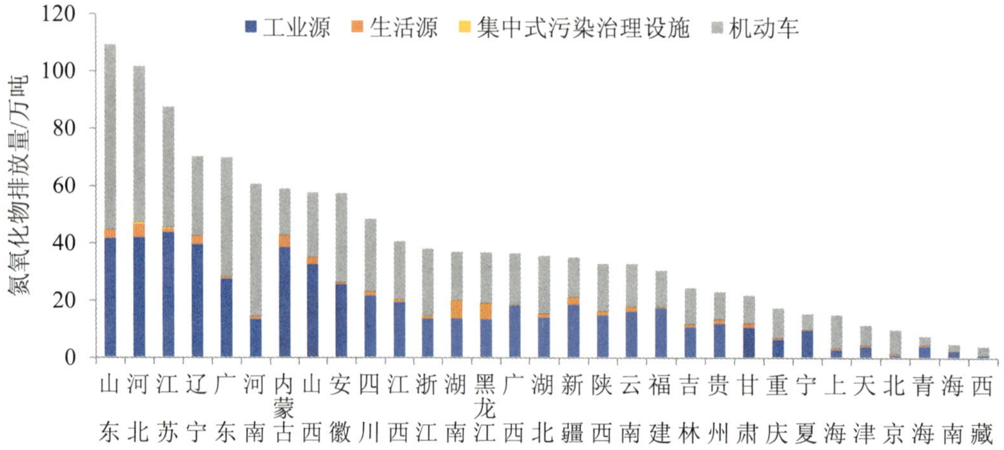

图 3-7　2019 年各地区氮氧化物排放情况

3.2.3　各工业行业排放情况

3.2.3.1　行业总体情况

2019 年，氮氧化物排放量排名前 3 位的工业行业依次为非金属矿物制品业，电力、热力生产和供应业，黑色金属冶炼和压延加工业。3 个行业氮氧化物排放量合计为 410.8 万吨，占全国工业源氮氧化物排放量的 75.0%。2019 年工业行业氮氧化物排放情况见图 3-8。

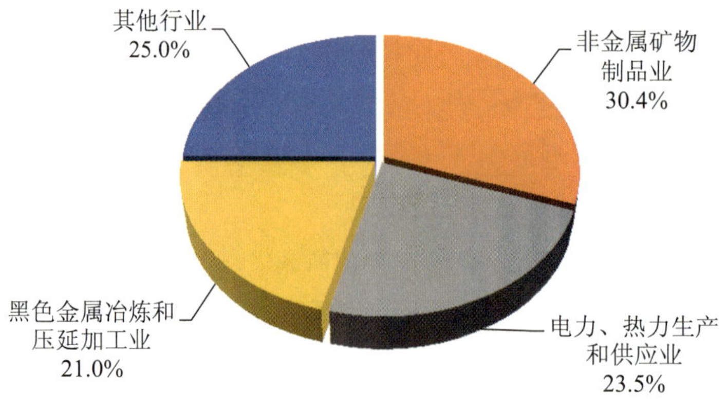

图 3-8　2019 年工业行业氮氧化物排放情况

3.2.3.2　电力、热力生产和供应业

2019 年，电力、热力生产和供应业氮氧化物排放量为 128.7 万吨，占全国工业源氮氧化物排放量的 23.5%。电力、热力生产和供应业氮氧化物排放量排名前 4 位的地区依次为内蒙古、山东、辽宁和江苏。4 个地区的电力、热力生产和供应业氮氧化物排放量占全国电力、热力生产和供应业氮氧化物排放量的 36.5%。2019 年各地区电力、热力生产和供应业氮氧化物排放情况见图 3-9。

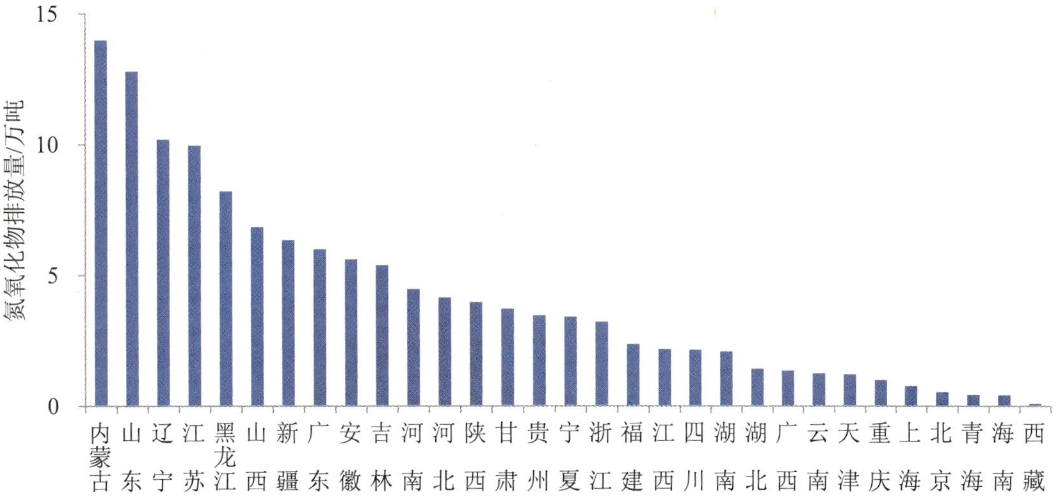

图 3-9　2019 年各地区电力、热力生产和供应业氮氧化物排放情况

火力发电企业氮氧化物排放量为 49.1 万吨，占全国工业源氮氧化物排放量的 9.0%。火力发电企业氮氧化物排放量排名前 4 位的地区依次为内蒙古、安徽、江苏和广东。4 个地区的火力发电企业氮氧化物排放量占全国火力发电企业氮氧化物排放量的 35.6%。2019 年各地区火力发电企业氮氧化物排放情况见图 3-10。

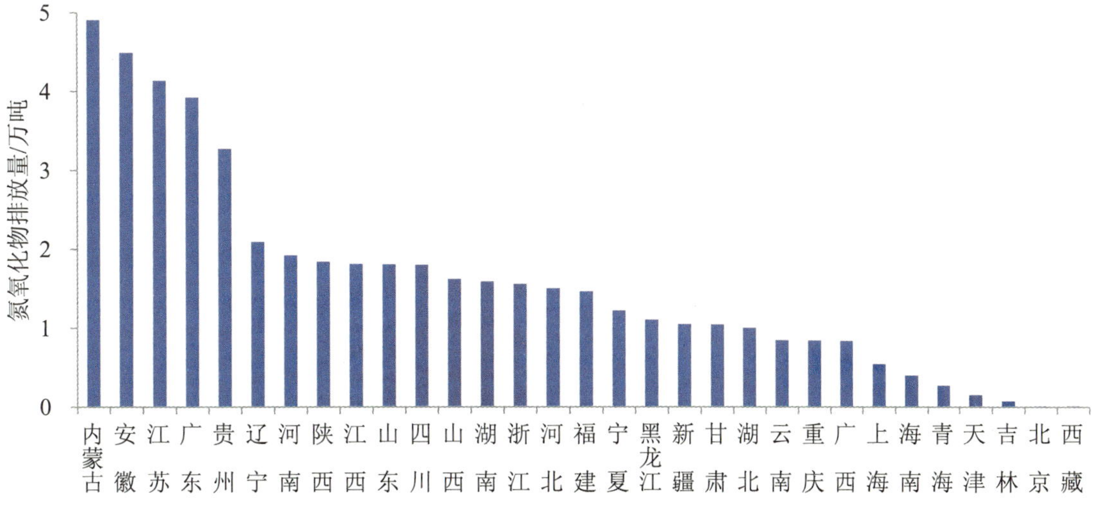

图 3-10　2019 年各地区火力发电企业氮氧化物排放情况

3.2.3.3　非金属矿物制品业

2019 年，非金属矿物制品业氮氧化物排放量为 166.9 万吨，占全国工业源氮氧化物排放量的 30.4%。非金属矿物制品业氮氧化物排放量排名前 4 位的地区依次为广东、安徽、辽宁和江苏。4 个地区的非金属矿物制品业氮氧化物排放量占全国非金属矿物制品业氮氧化物排放量的 29.6%。2019 年各地区非金属矿物制品业氮氧化物排放情况见图 3-11。

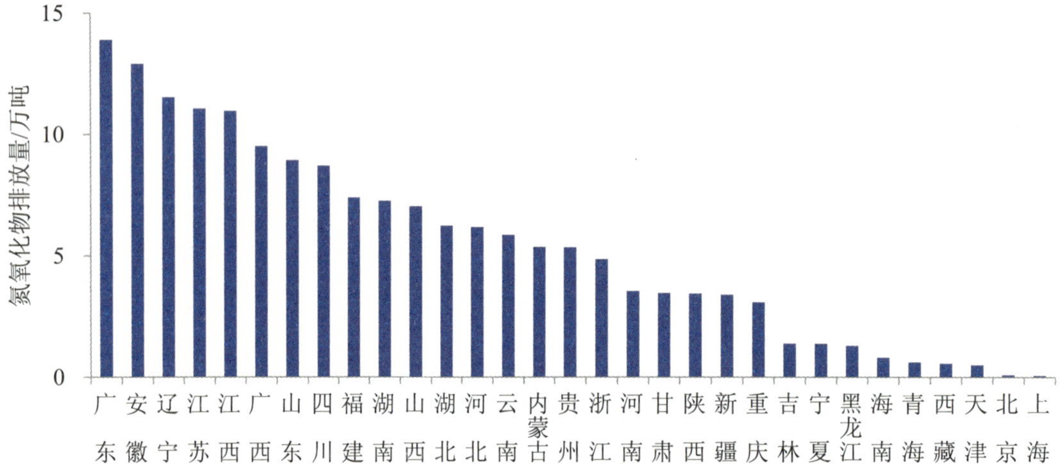

图 3-11　2019 年各地区非金属矿物制品业氮氧化物排放情况

2019 年，水泥制造企业（以下简称水泥企业）氮氧化物排放量为 72.3 万吨，占全国非金属矿物制品业氮氧化物排放量的 43.4%。水泥企业氮氧化物排放量排名前 4 位的地区依次为安徽、湖南、四川和山东。4 个地区的水泥企业氮氧化物排放量占全国水泥企业氮氧化物排放量的 31.1%。2019 年各地区水泥企业氮氧化物排放情况见图 3-12。

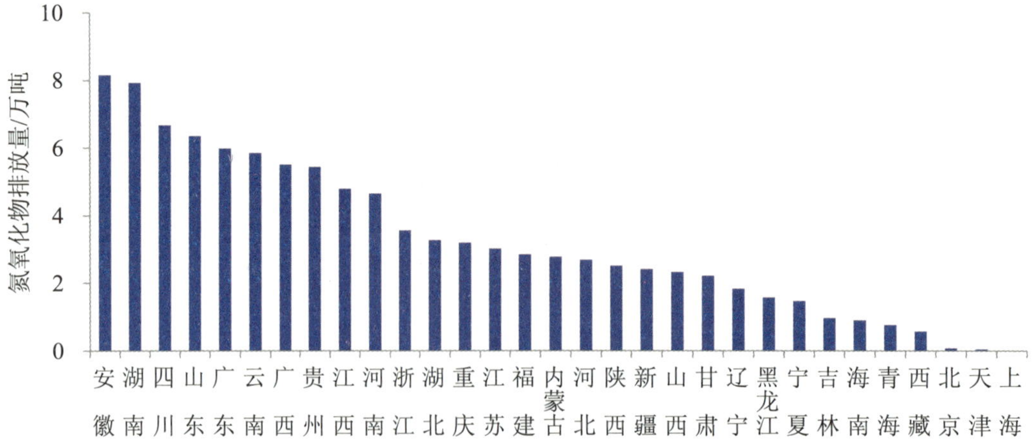

图 3-12　2019 年各地区水泥企业氮氧化物排放情况

3.2.3.4　黑色金属冶炼和压延加工业

2019 年，黑色金属冶炼和压延加工业氮氧化物排放量为 115.2 万吨，占全国工业源氮氧化物排放量的 21.0%。黑色金属冶炼和压延加工业氮氧化物排放量排名前 4 位的地区依次为河北、江苏、辽宁和山西。4 个地区的黑色金属冶炼和压延加工业氮氧化物排放量占全国黑色金属冶炼和压延加工业氮氧化物排放量的 51.0%。2019 年各地区黑色金属冶炼和压延加工业氮氧化物排放情况见图 3-13。

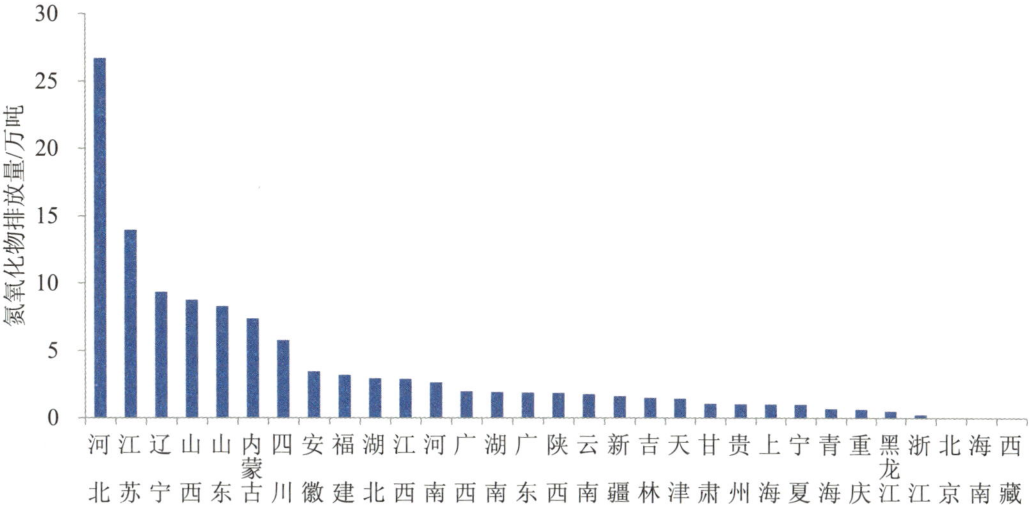

图 3-13　2019 年各地区黑色金属冶炼和压延加工业氮氧化物排放情况

3.3　颗粒物排放情况

3.3.1　全国及分源排放情况

2019 年，全国颗粒物排放量为 1 088.5 万吨。其中，工业源颗粒物排放量为 925.9 万吨，占全国颗粒物排放量的 85.1%；生活源颗粒物排放量为 154.9 万吨，占全国颗粒物排放量的 14.2%；机动车颗粒物排放量为 7.4 万吨，占全国颗粒物排放量的 0.7%；集中式污染治理设施颗粒物排放量为 0.3 万吨。2019 年全国颗粒物排放情况见表 3-3。

表 3-3　2019 年全国颗粒物排放情况

排放源	合计	工业源	生活源	机动车	集中式污染治理设施
排放量/万吨	1 088.5	925.9	154.9	7.4	0.3
占比/%	—	85.1	14.2	0.7	…

注：“…”表示由于数字太小，修约后小于保留的最小位数无法显示；下同。

3.3.2 各地区及分源排放情况

2019 年，颗粒物排放量超过 60 万吨的地区为内蒙古和辽宁。2 个地区的颗粒物排放量占全国颗粒物排放量的 16.0%。工业源颗粒物排放量最大的地区是内蒙古，生活源颗粒物排放量最大的地区是湖南，机动车颗粒物排放量最大的地区是山东。2019 年各地区颗粒物排放情况见图 3-14。

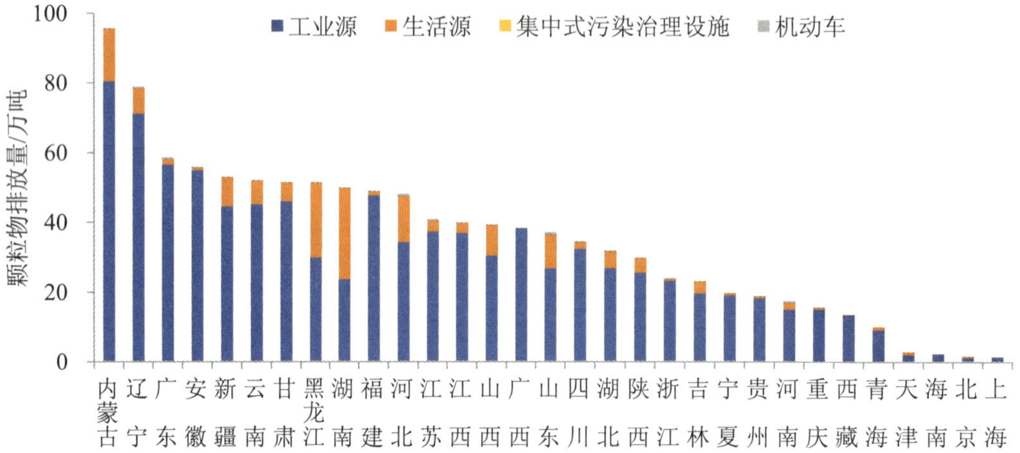

图 3-14　2019 年各地区颗粒物排放情况

3.3.3 各工业行业排放情况

3.3.3.1　行业总体情况

2019 年，颗粒物排放量排名前 3 位的工业行业依次为非金属矿物制品业，煤炭开采和洗选业，黑色金属冶炼和压延加工业。3 个行业共排放颗粒物 546.5 万吨，占全国工业源颗粒物排放量的 59.0%。2019 年工业行业颗粒物排放情况见图 3-15。

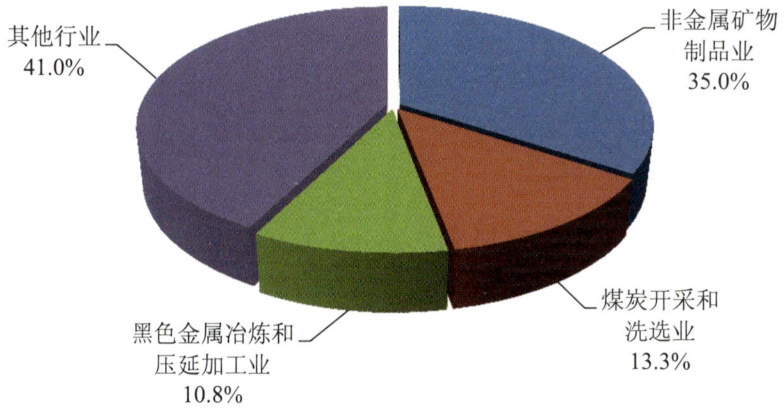

图 3-15　2019 年工业行业颗粒物排放情况

3.3.3.2 电力、热力生产和供应业

2019 年，电力、热力生产和供应业颗粒物排放量为 56.5 万吨，占全国工业源颗粒物排放量的 6.1%。电力、热力生产和供应业颗粒物排放量排名前 4 位的地区依次为黑龙江、辽宁、四川和吉林。4 个地区的电力、热力生产和供应业颗粒物排放量占全国电力、热力生产和供应业颗粒物排放量的 43.8%。2019 年各地区电力、热力生产和供应业颗粒物排放情况见图 3-16。

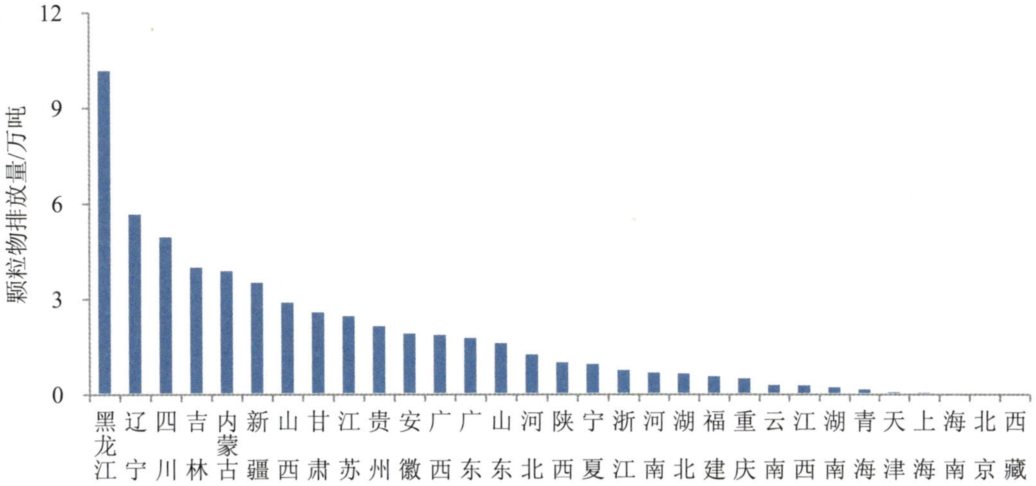

图 3-16　2019 年各地区电力、热力生产和供应业颗粒物排放情况

2019 年，火力发电企业颗粒物排放量为 21.5 万吨，占全国工业源颗粒物排放量的 2.3%。火力发电企业颗粒物排放量排名前 4 位的地区依次为四川、黑龙江、贵州和广西。4 个地区的火力发电企业颗粒物排放量占全国火力发电企业颗粒物排放量的 58.6%。2019 年各地区火力发电企业颗粒物排放情况见图 3-17。

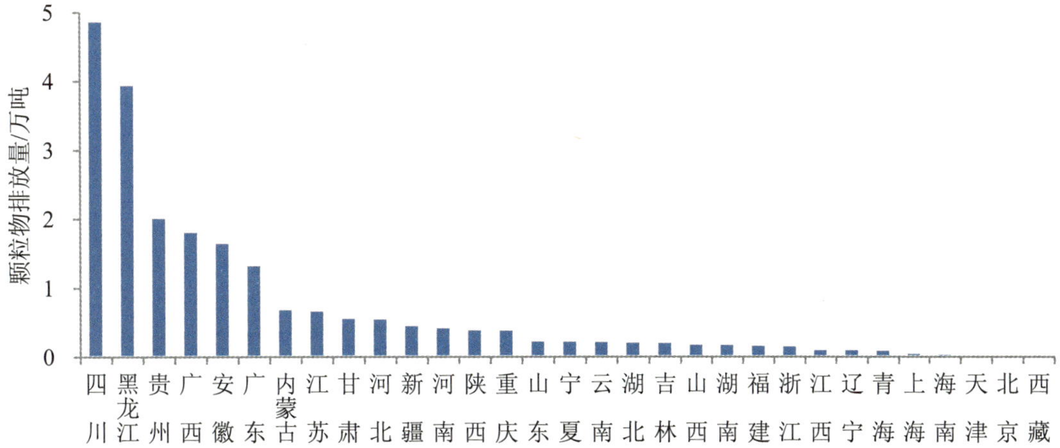

图 3-17　2019 年各地区火力发电企业颗粒物排放情况

3.3.3.3　非金属矿物制品业

2019 年，非金属矿物制品业颗粒物排放量为 323.9 万吨，占全国工业源颗粒物排放量的 35.0%。非金属矿物制品业颗粒物排放量排名前 4 位的地区依次为辽宁、广东、安徽和甘肃。4 个地区的非金属矿物制品业颗粒物排放量占全国非金属矿物制品业颗粒物排放量的 32.9%。2019 年各地区非金属矿物制品业颗粒物排放情况见图 3-18。

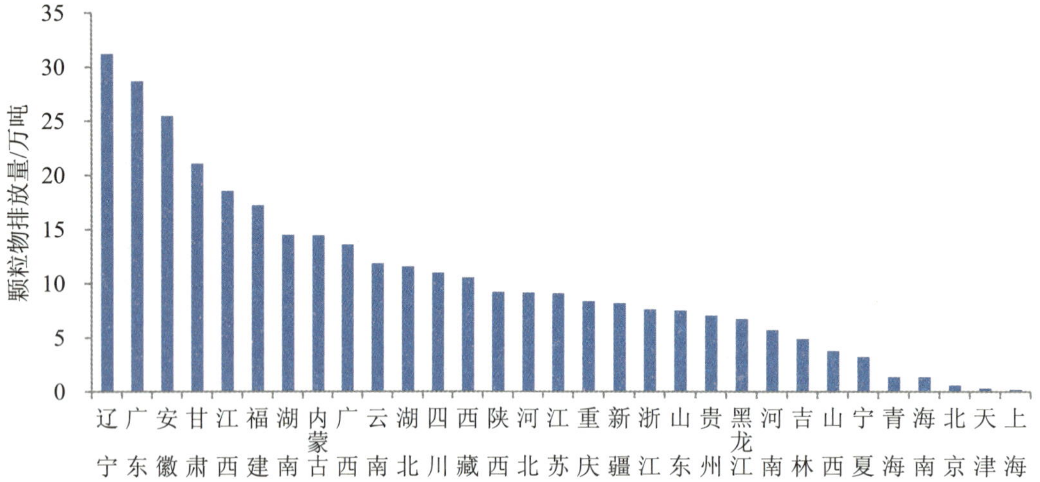

图 3-18　2019 年各地区非金属矿物制品业颗粒物排放情况

2019 年，水泥企业颗粒物排放量为 199.1 万吨，占非金属矿物制品业排放量的 61.5%。水泥企业颗粒物排放量排名前 4 位的地区依次为新疆、安徽、甘肃和广东。4 个地区的水泥企业颗粒物排放量占全国水泥企业颗粒物排放量的 35.9%。2019 年各地区水泥企业颗粒物排放情况见图 3-19。

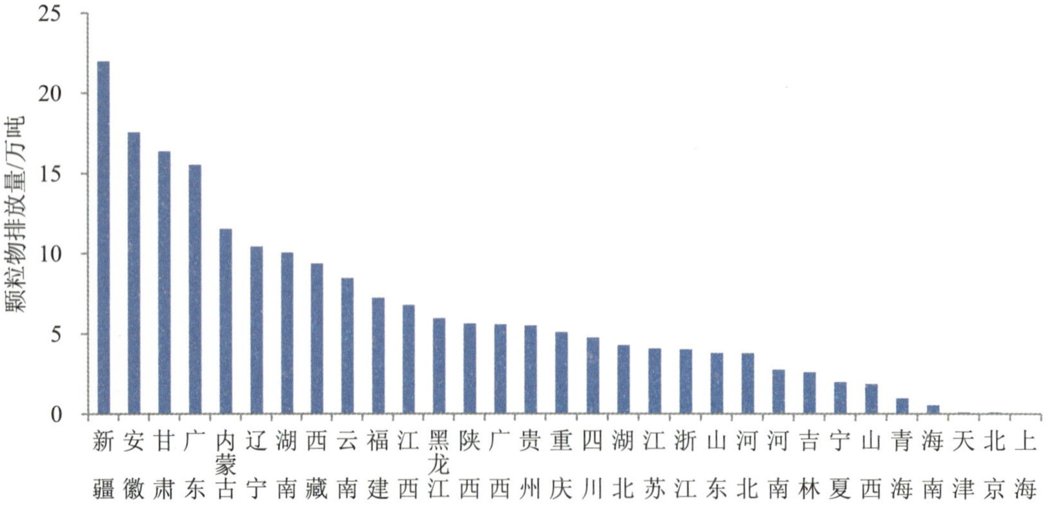

图 3-19　2019 年各地区水泥企业颗粒物排放情况

3.3.3.4　黑色金属冶炼和压延加工业

2019 年，黑色金属冶炼和压延加工业颗粒物排放量为 100.0 万吨，占全国工业源颗粒物排放量的 10.8%。钢铁工业颗粒物排放量排名前 4 位的地区依次为河北、江苏、辽宁和甘肃。4 个地区的钢铁工业颗粒物排放量占全国钢铁工业颗粒物排放量的 43.6%。2019 年各地区黑色金属冶炼和压延加工业颗粒物排放情况见图 3-20。

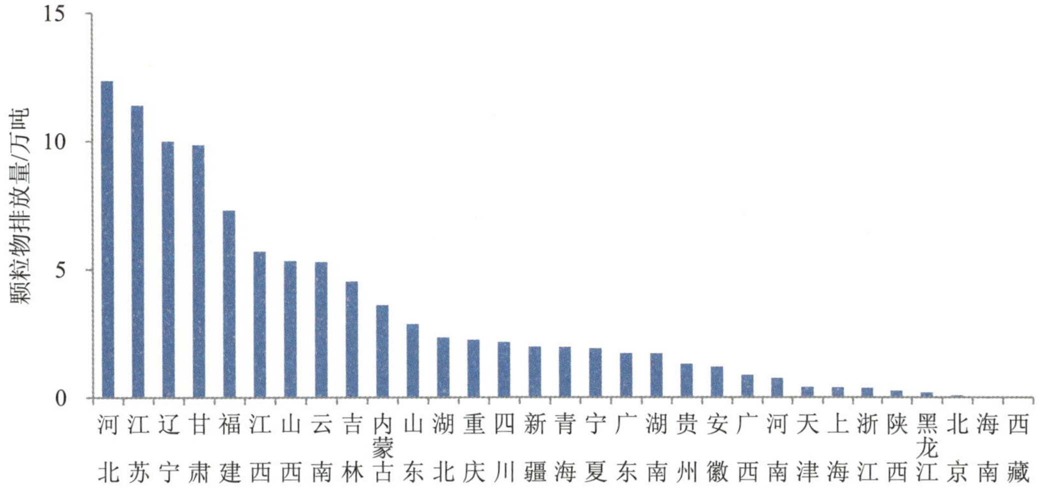

图 3-20　2019 年各地区黑色金属冶炼和压延加工业颗粒物排放情况

4

工业固体废物和危险废物

4.1 一般工业固体废物产生、综合利用和处置情况

4.1.1 全国及各地区产生、综合利用和处置情况

2019 年，全国一般工业固体废物产生量为 44.1 亿吨。综合利用量为 23.2 亿吨，处置量为 11.0 亿吨。

一般工业固体废物产生量排名前 5 位的地区依次为山西、内蒙古、河北、山东和河南，分别占全国一般工业固体废物产生量的 11.8%、9.7%、7.4%、7.3%和 5.7%。

2019 年各地区一般工业固体废物产生情况见图 4-1。

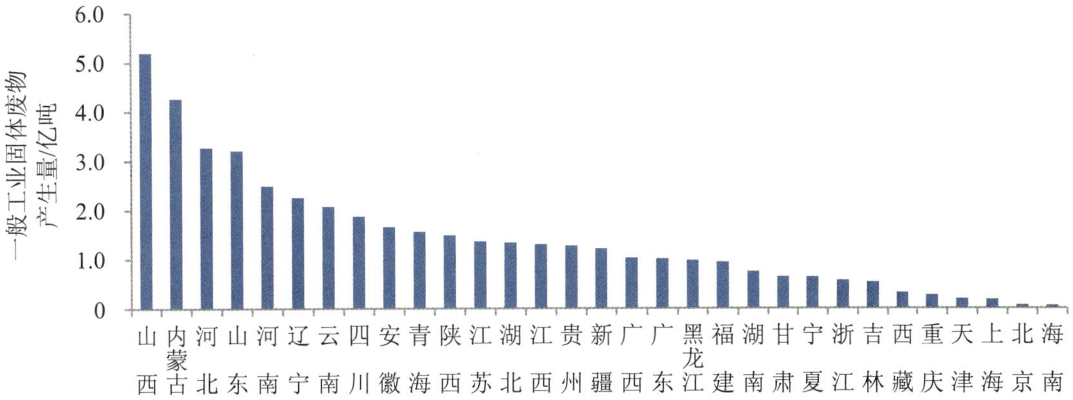

图 4-1　2019 年各地区一般工业固体废物产生情况

2019 年，一般工业固体废物综合利用量排名前 5 位的城区依次为山东、山西、河北、安徽和河南，分别占全国一般工业固体废物综合利用量的 10.9%、7.9%、7.6%、5.7%和 5.2%。2019 年各地区一般工业固体废物综合利用情况见图 4-2。

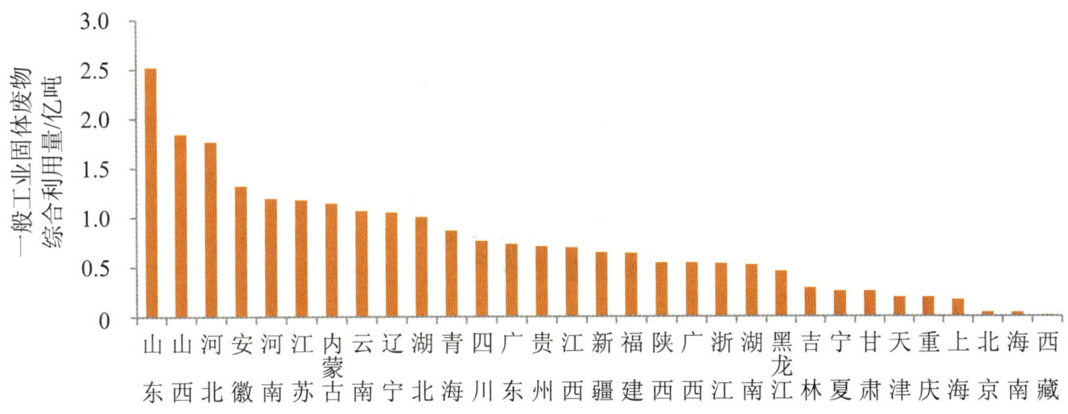

图 4-2　2019 年各地区一般工业固体废物综合利用情况

一般工业固体废物处置量较大的地区主要为山西和内蒙古，处置量分别为 2.7 亿吨和 1.9 亿吨，占全国一般工业固体废物处置量的 24.8%和 17.6%。2019 年各地区一般工业固体废物处置情况见图 4-3。

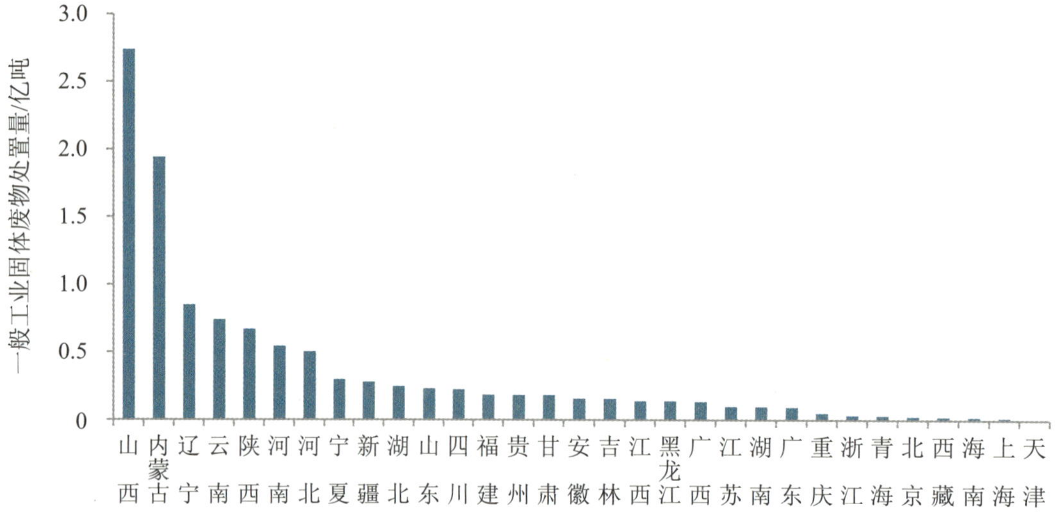

图 4-3　2019 年各地区一般工业固体废物处置情况

4.1.2　各工业行业产生、综合利用和处置情况

2019 年，一般工业固体废物产生量有 9 个行业超过 1 亿吨，居前 5 位的行业依次为电力、热力生产和供应业，有色金属矿采选业，煤炭开采和洗选业，黑色金属冶炼和压延加工业，黑色金属矿采选业，均超过 5 亿吨，分别占全国一般工业固体废物产生量的 17.5%、14.9%、14.0%、12.8%和 12.2%。2019 年工业行业一般工业固体废物产生情况见图 4-4。

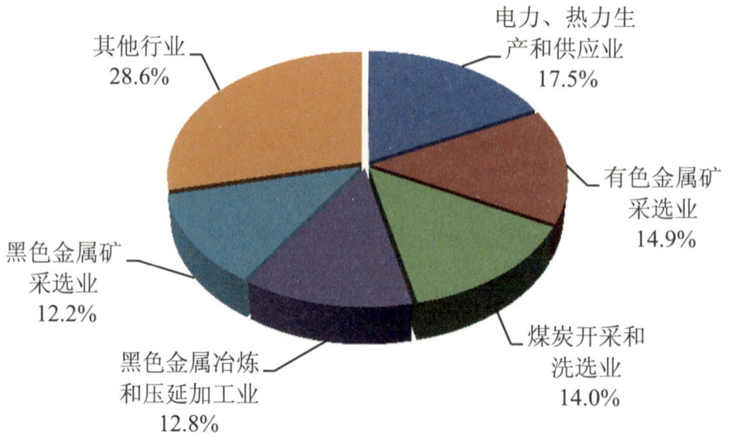

图 4-4　2019 年一般工业固体废物产生量行业构成

一般工业固体废物综合利用量排名前 5 位的行业依次为电力、热力生产和供应业，黑色金属冶炼和压延加工业，煤炭开采和洗选业，化学原料和化学制品制造业和非金属矿采选业，均超过 1 亿吨，分别占全国一般工业固体废物综合利用量的 23.8%、20.2%、12.5%、9.9%和 5.4%。

一般工业固体废物处置量排名前 5 位的行业依次为有色金属矿采选业，煤炭开采和洗选业，黑色金属矿采选业，电力、热力生产和供应业，化学原料和化学制品制造业，分别占全国工业企业一般工业固体废物处置量的 22.2%、21.9%、15.1%、14.3%和 6.3%。

2019 年主要行业一般工业固体废物综合利用和处置情况见图 4-5。

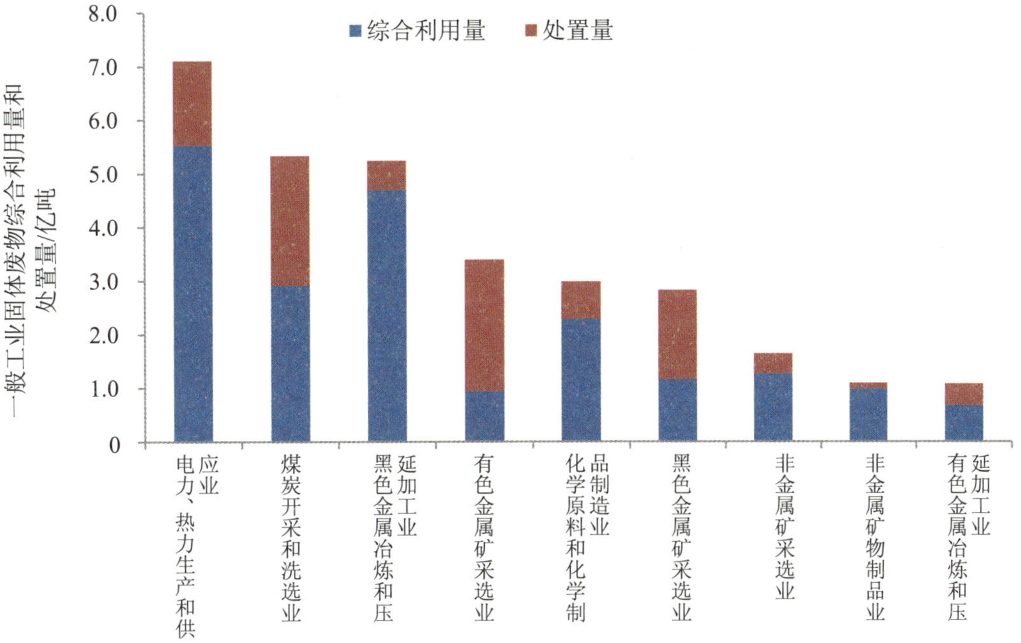

图 4-5　2019 年主要行业一般工业固体废物综合利用和处置情况

4.2　危险废物产生和利用处置情况

4.2.1　全国及各地区产生和利用处置情况

2019 年，全国工业危险废物产生量为 8 126.0 万吨，全国工业危险废物利用处置量为 7 539.3 万吨。

工业危险废物产生量排名前 5 位的地区依次是山东、内蒙古、江苏、浙江和广东，分别占全国工业危险废物产生量的 12.1%、9.0%、8.0%、6.2%和 5.7%。2019 年各地区工业危险废物产生情况见图 4-6。

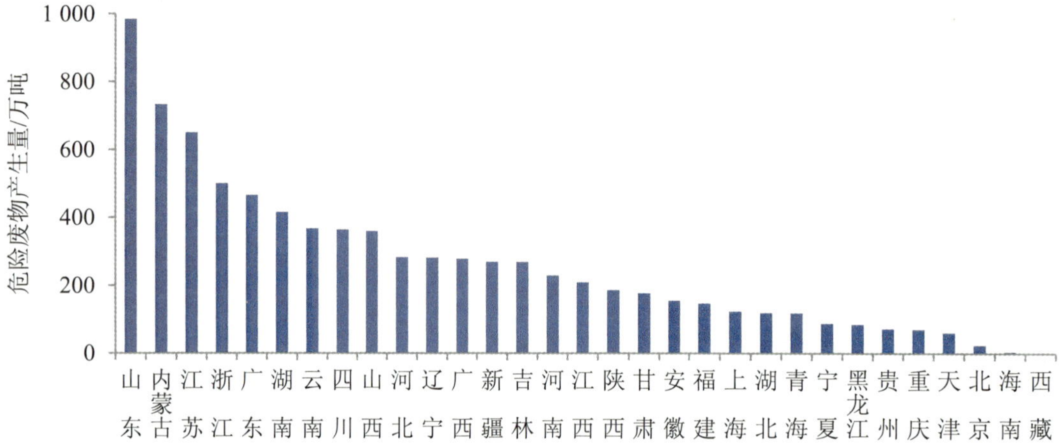

图 4-6　2019 年各地区工业危险废物产生情况

工业危险废物利用处置量排名前 5 位的地区依次为山东、内蒙古、江苏、浙江和广东，分别占全国工业危险废物利用处置量的 13.9%、8.5%、8.3%、6.7%和 5.7%。2019 年各地区工业危险废物利用处置情况见图 4-7。

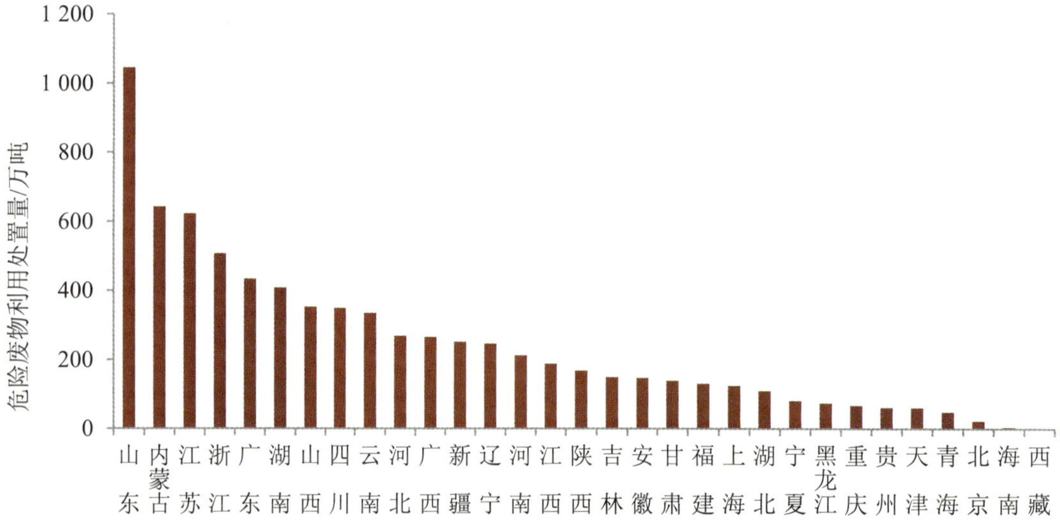

图 4-7　2019 年各地区工业危险废物利用处置情况

4.2.2　各工业行业产生和利用处置情况

工业危险废物产生量排名前 5 位的行业依次为化学原料和化学制品制造业，有色金属冶炼和压延加工业，石油、煤炭及其他燃料加工业，黑色金属冶炼和压延加工业，电力、热力生产和供应业。5 个行业的工业危险废物产生量占工业危险废物产生量的 68.3%。2019 年工业危险废物产生量行业分布情况见图 4-8。

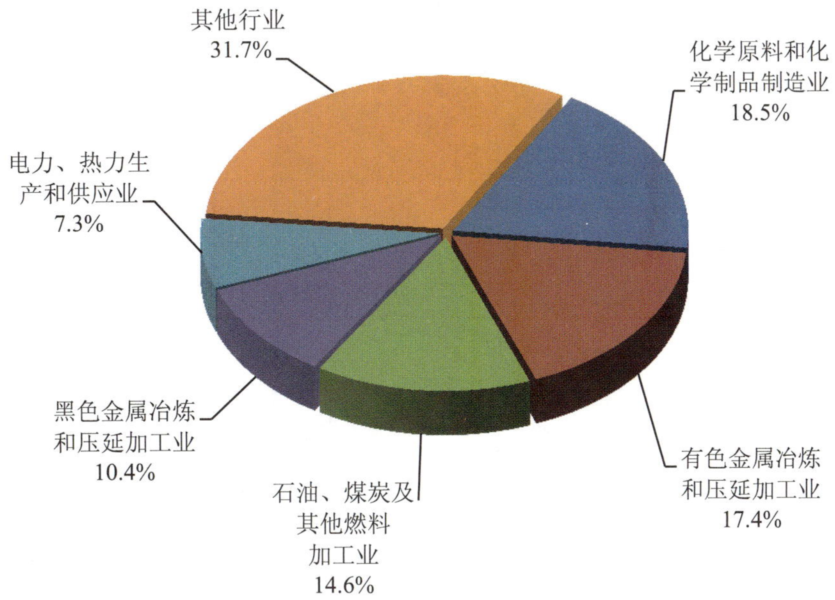

图 4-8　2019 年工业危险废物产生量行业分布情况

工业危险废物利用处置量排名前 5 的行业依次为化学原料和化学制品制造业，有色金属冶炼和压延加工业，石油、煤炭及其他燃料加工业，黑色金属冶炼和压延加工业，电力、热力生产和供应业。5 个行业的工业危险废物利用处置量占全国工业危险废物利用处置量的 71.3%。2019 年工业行业危险废物利用处置情况见图 4-9。

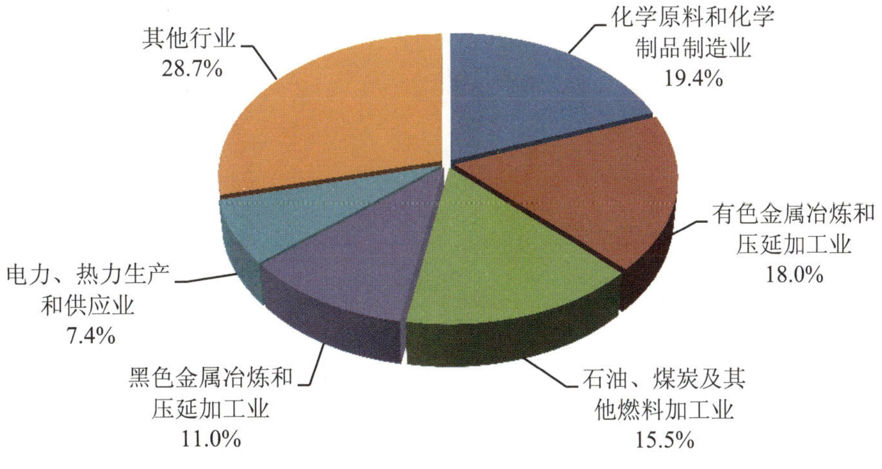

图 4-9　2019 年主要工业行业危险废物利用处置情况

5

污染治理设施

5.1 工业企业污染治理情况

5.1.1 工业废水治理情况

2019 年，全国纳入调查的涉水工业企业共有 78 447 家，废水治理设施共有 69 200 套，设计处理能力为 1.7 亿吨/日，年运行费用为 807.5 亿元，全年共处理工业废水 274.9 亿吨。工业废水治理设施数量排名前 3 位的地区依次为广东、浙江和江苏，工业废水处理量排名前 3 位的地区依次为江苏、山东和福建。2019 年各地区工业废水治理设施数见图 5-1。2019 年各地区工业废水处理情况见图 5-2。

在调查统计的 42 个行业中，废水治理设施数量排名前 3 位的行业依次为农副食品加工业、化学原料和化学制品制造业以及金属制品业。工业废水处理量排名前 3 位的行业依次为黑色金属冶炼和压延加工业、造纸和纸制品业以及纺织业。2019 年工业行业废水治理设施数占比见图 5-3。2019 年工业行业废水处理量占比见图 5-4。

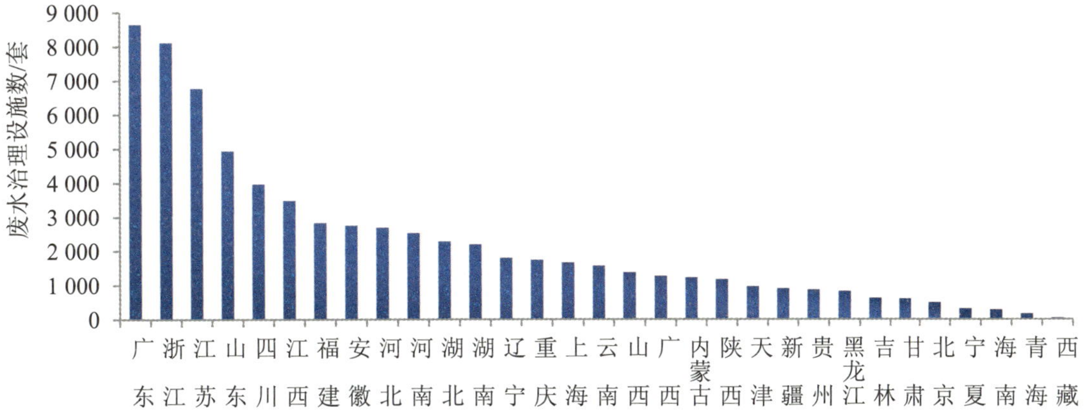

图 5-1 2019 年各地区工业废水治理设施数

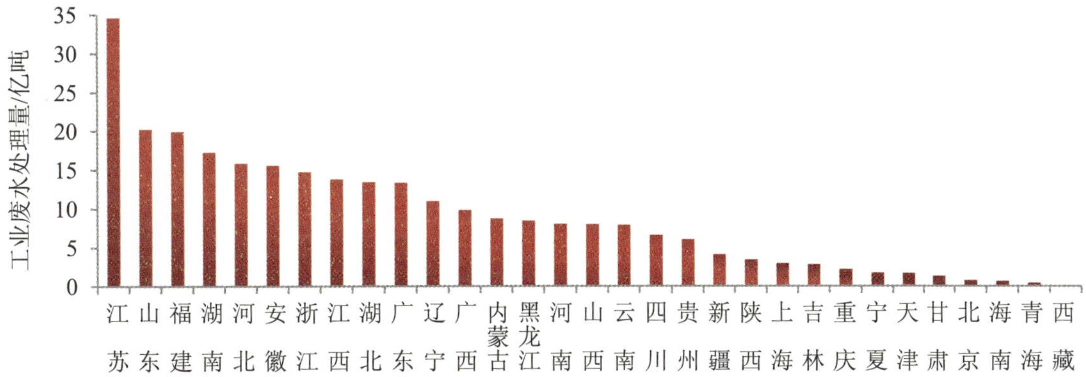

图 5-2 2019 年各地区工业废水处理情况

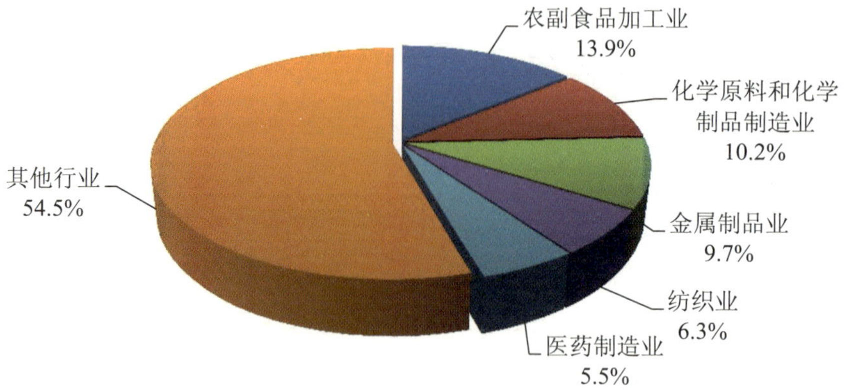

图 5-3　2019 年工业行业废水治理设施数占比

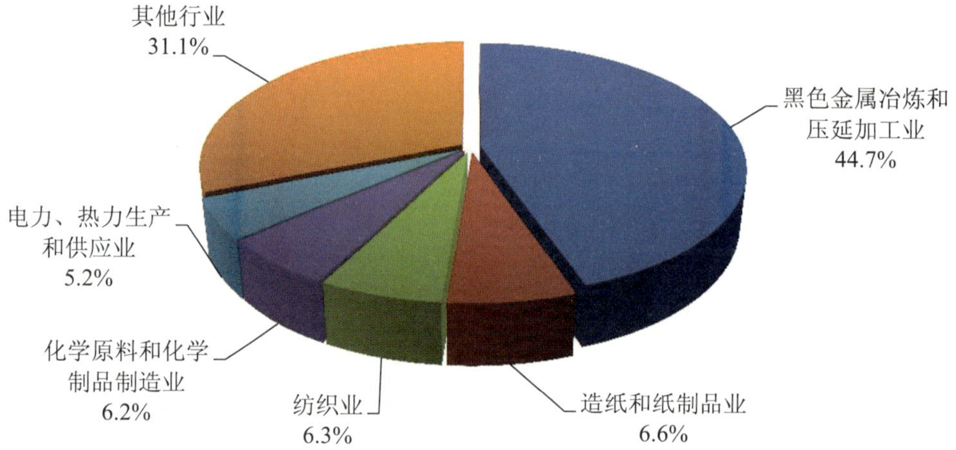

图 5-4　2019 年工业行业废水处理量占比

5.1.2　工业废气治理情况

2019 年，全国纳入调查的涉气工业企业共有 146 844 家，废气治理设施共有 315 586 套，其中脱硫设施 46 269 套，脱硝设施 27 699 套，除尘设施 162 799 套，VOCs 治理设施 78 819 套，年运行费用为 2 339.7 亿元。工业废气治理设施数量排名前 3 位的地区依次为河北、山东和广东。2019 年各地区废气治理设施数见图 5-5。

在调查统计的 42 个行业中，废气治理设施数量排名前 3 位的行业依次为非金属矿物制品业，电力、热力生产和供应业以及化学原料和化学制品制造业。2019 年工业行业废气治理设施数占比见图 5-6。

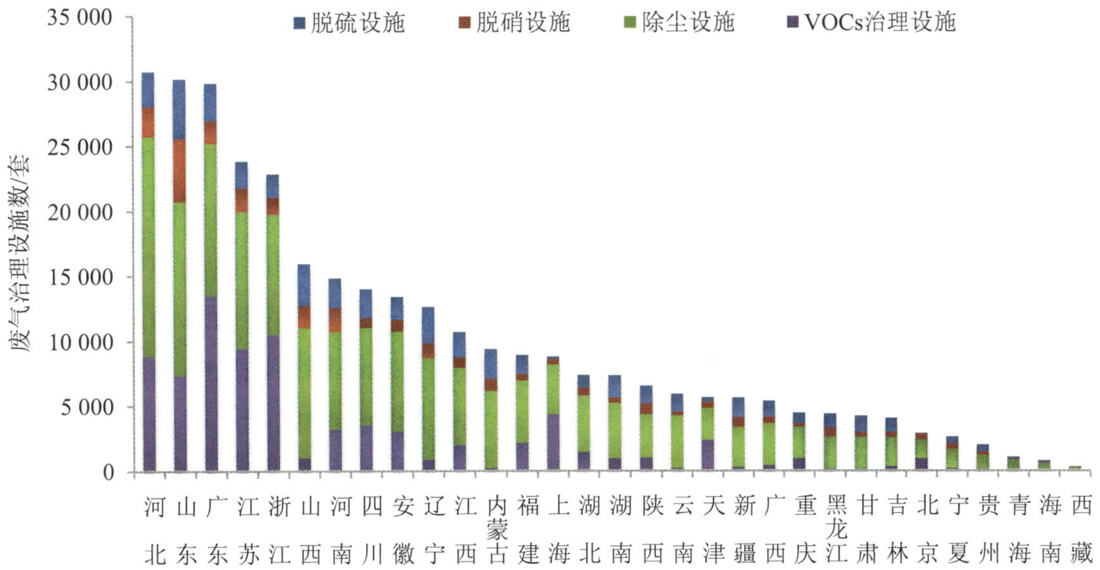

图 5-5　2019 年各地区废气治理设施数

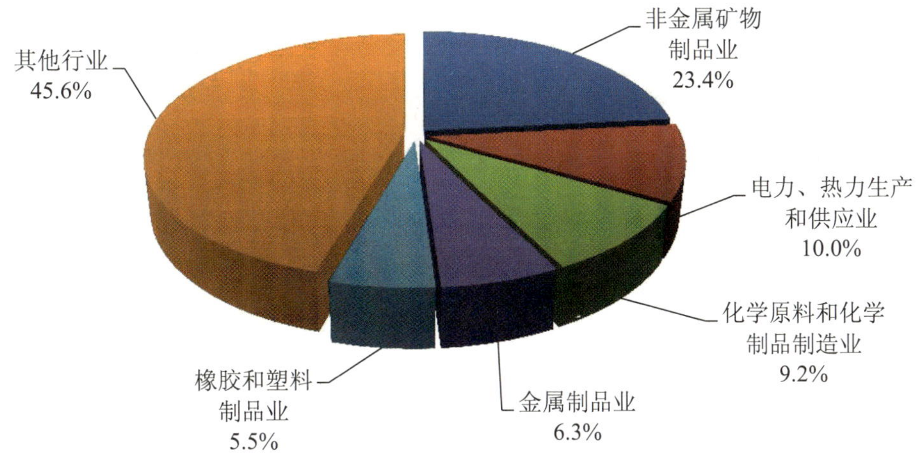

图 5-6　2019 年工业行业废气治理设施数占比

5.2　集中式污染治理设施污染治理情况

5.2.1　污水处理厂情况

2019 年，全国纳入调查的污水处理厂共有 9 322 家。污水处理厂设计处理能力为 25 450 万吨/日，年运行费用为 879.4 亿元。全年共处理污水 742.7 亿吨，其中，处理生活污水 640.3 亿吨，占污水总处理量的 86.2%。共去除化学需氧量 2 129.5 万吨、氨氮 183.1

万吨、总氮 235.9 万吨、总磷 25.9 万吨。污水处理厂的污泥产生量为 1 457.6 万吨，污泥处置量为 1 457.5 万吨。2019 年各地区污水处理情况见图 5-7。

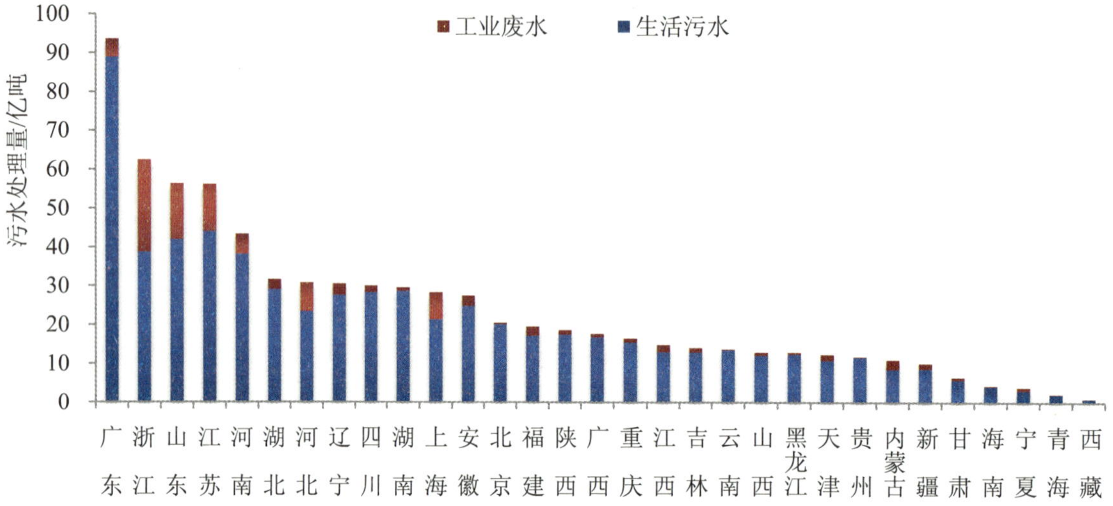

图 5-7　2019 年各地区污水处理情况

5.2.2　生活垃圾处理场（厂）情况

2019 年，全国纳入调查的生活垃圾处理场（厂）共 2 438 家，年运行费用为 129.7 亿元。生活垃圾填埋量 2.0 亿吨，堆肥量 134.7 万吨，焚烧处理量 12 892.9 万吨，其他方式处理量 1 210.4 万吨。渗滤液中化学需氧量排放量为 1.4 万吨，氨氮排放量为 2 517.0 吨；焚烧废气二氧化硫排放量为 1 239.5 吨，氮氧化物排放量为 6 879.3 吨，颗粒物排放量为 418.3 吨。2019 年各地区生活垃圾处理情况见图 5-8。

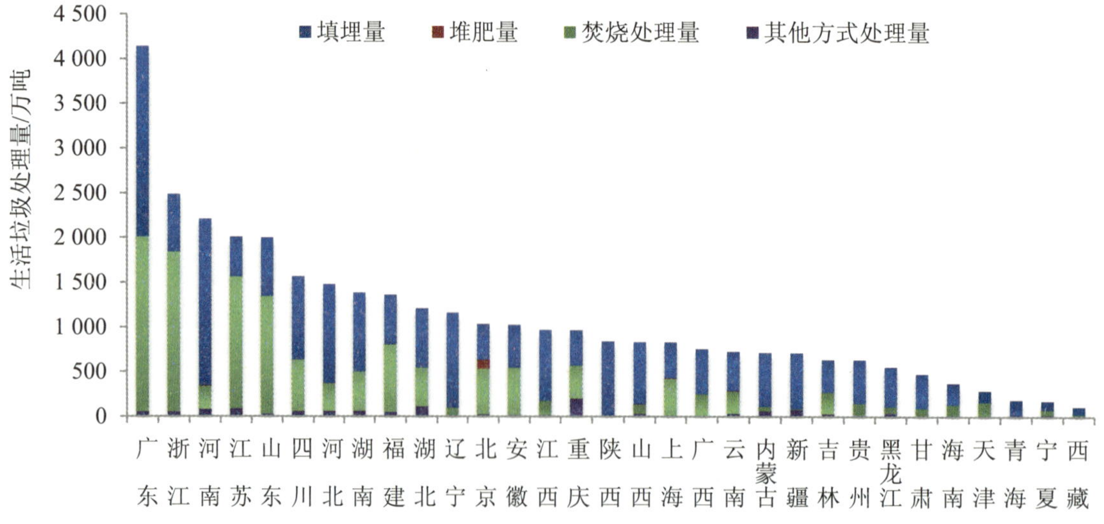

图 5-8　2019 年各地区生活垃圾处理情况

5.2.3 危险废物（医疗废物）集中处理厂情况

2019 年，全国纳入调查的危险废物集中处理厂 1 325 家，医疗废物集中处理厂 338 家，协同处置的企业 97 家。年运行费用为 594.4 亿元，设计处置能力 25.0 万吨/日。危险废物实际综合利用量为 1 846.6 万吨；实际处置危险废物 1 497.4 万吨，其中处置工业危险废物 1 293.7 万吨，占总处置量的 86.4%，处置医疗废物 116.6 万吨，处置其他危险废物 87.1 万吨。2019 年各地区危险废物（医疗废物）集中处置情况见图 5-9。。

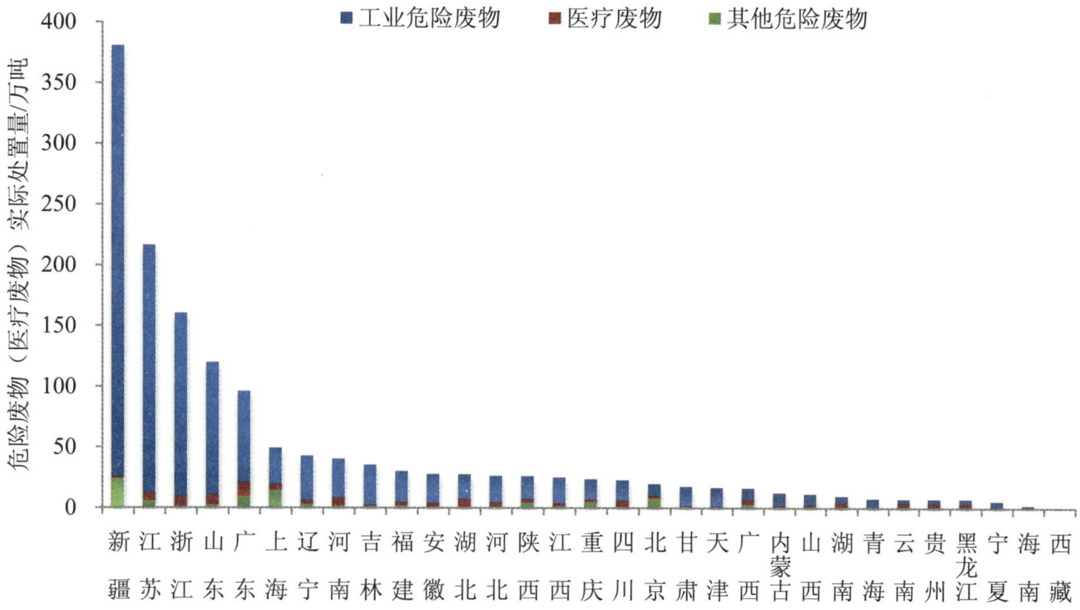

图 5-9　2019 年各地区危险废物（医疗废物）集中处置情况

6

生态环境污染治理投资

6.1 总体情况

6.1.1 环境污染治理投资

环境污染治理投资包括老工业污染源治理投资、建设项目竣工环境保护验收环保投资、城市环境基础设施建设投资三个部分。2019 年，全国环境污染治理投资总额为 9 151.9 亿元，占国内生产总值（GDP）的 0.9%，占全社会固定资产投资总额的 1.6%。其中，城市环境基础设施建设投资为 5 786.7 亿元，老工业污染源治理投资为 615.2 亿元，建设项目竣工环境保护验收环保投资为 2 750.1 亿元，分别占环境污染治理投资总额的 63.2%、6.7%和 30.0%。2019 年全国环境污染治理投资情况见表 6-1。

表 6-1　2019 年全国环境污染治理投资情况　　单位：亿元

城市环境基础设施建设投资	老工业污染源治理投资	建设项目竣工验收环保投资	投资总额
5 786.7	615.2	2 750.1	9 151.9

注：从 2012 年起，城市环境基础设施建设投资中包括城市的环境基础设施建设投资以及县城的相关投资，下同。

6.1.2 污染治理设施直接投资

污染治理设施直接投资是指直接用于污染治理设施、具有直接环保效益的投资，具体包括老工业污染源治理投资、建设项目竣工环保验收环保投资以及城市环境基础设施建设投资中用于污水处理及再生利用、污泥处置和垃圾处理设施的投资。

2019 年，全国污染治理设施直接投资总额为 5 784.3 亿元，占环境污染治理投资总额的 63.2%，其中，城市环境基础设施建设投资、老工业污染源治理投资和建设项目竣工验收环保投资分别占污染治理设施直接投资的 41.8%、10.6%和 47.5%。2019 年全国污染治理设施直接投资情况见表 6-2。

表 6-2　2019 年全国污染治理设施直接投资情况

污染治理设施直接投资/亿元				占当年环境污染治理投资总额比例/%	占当年 GDP 比例/%
	城市环境基础设施建设投资	老工业污染源治理投资	建设项目竣工验收环保投资		
5 784.3	2 419.1	615.2	2 750.1	63.2	0.6

6.1.3 各地区环境污染治理投资

2019 年，全国环境污染治理投资总额为 9 151.9 亿元，除吉林、黑龙江、西藏、青海、宁夏外，其余 26 个地区环境污染治理投资总额均超过 100 亿元，见图 6-1。

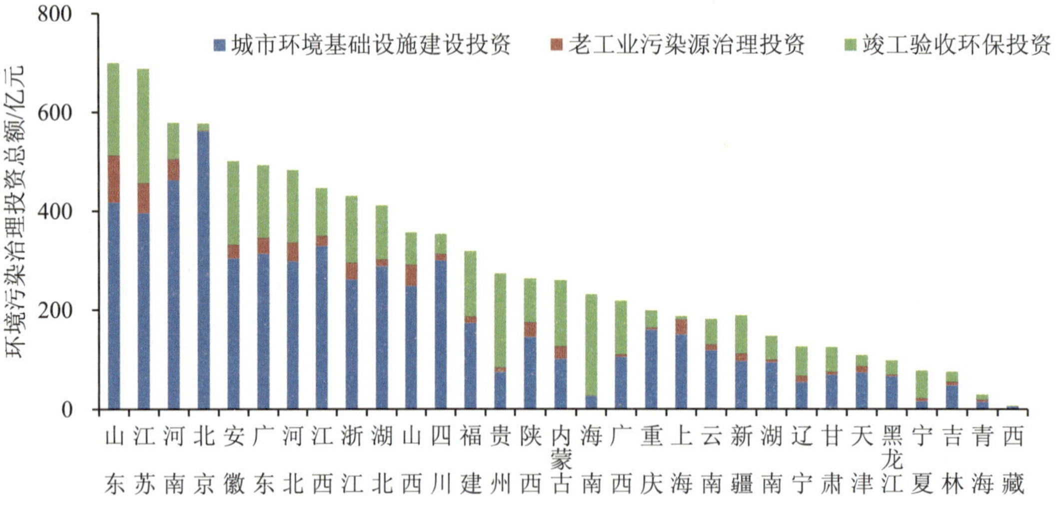

图 6-1 2019 年各地区环境污染治理投资情况

6.2 城市环境基础设施建设投资

2019 年，城市环境基础设施建设投资总额为 5 786.7 亿元。其中，燃气工程建设投资为 378.9 亿元，集中供热工程建设投资为 466.8 亿元，排水工程建设投资为 1 929.0 亿元，园林绿化工程建设投资为 2 327.3 亿元，市容环境卫生工程建设投资为 684.6 亿元，分别占城市环境基础设施建设投资总额的 6.5%、8.1%、33.3%、40.2%和 11.8%。

2019 年全国城市环境基础设施建设投资构成见表 6-3。

表 6-3 2019 年全国城市环境基础设施建设投资构成 单位：亿元

投资总额					
	燃气	集中供热	排水	园林绿化	市容环境卫生
5 786.7	378.9	466.8	1 929.0	2 327.3	684.6

6.3 老工业污染源治理投资

2019 年，老工业污染源污染治理本年施工项目为 7 609 个。其中，废水、废气、固体废物、噪声及其他治理项目分别为 1 251 个、4 633 个、248 个、87 个和 1 390 个，占本年施工项目数的 16.4%、60.9%、3.3%、1.1%和 18.3%。

老工业污染源污染治理投资总额为 615.2 亿元。其中，废水、废气、固体废物、噪声及其他治理项目投资分别为 69.9 亿元、367.7 亿元、25.0 亿元、1.4 亿元和 151.1 亿元，分别占老工业污染源治理投资额的 11.4%、59.8%、4.1%、0.2%和 24.6%。

2019 年全国老工业污染源治理投资构成见表 6-4。

表 6-4 2019 年全国老工业污染源治理投资构成 单位：亿元

投资总额					
	废水	废气	固体废物	噪声	其他
615.2	69.9	367.7	25.0	1.4	151.1

6.4 建设项目竣工验收环保投资

2019 年，建设项目竣工验收环保投资总额为 2 750.1 亿元，占建设项目投资总额的 1.5%。其中，废水、废气、固体废物、噪声和其他环保投资分别为 857.0 亿元、1 027.0 亿元、133.2 亿元、258.3 亿元和 474.6 亿元，分别占建设项目竣工验收环保投资总额的 31.2%、37.3%、4.8%、9.4%和 17.3%。

2019 年全国建设项目竣工验收环保投资构成见表 6-5。

表 6-5 2019 年全国建设项目竣工验收环保投资构成 单位：亿元

投资总额					
	废水	废气	固体废物	噪声	其他
2 750.1	857.0	1 027.0	133.2	258.3	474.6

7

生态环境管理

7.1 环境信访情况

2019 年，全国各级环保系统接到群众电话举报 1 334 712 件、微信举报 195 950 件、网上举报 62 239 件，承办人大建议 7 486 件、政协提案 7 827 件。

7.2 环境法制情况

2019 年，全国现行有效的地方性环保法规总计 632 件，其中当年颁布 152 件，当年废止 15 件。全国现行有效的地方性环保规章总计 286 件，其中当年颁布 42 件。当年发布的地方环境保护标准 72 项。当年受理行政复议案件 1 239 件。

7.3 环境科技与标准情况

2019 年，全国当年开展强制性清洁生产审核评估企业 5 798 家。

7.4 环境影响评价情况

2019 年，全国当年建设项目环境影响评价文件审批 22.0 万项，环境影响登记表备案 116.5 万项。审批的建设项目投资总额为 190 239.3 亿元，审批的建设项目环保投资总额为 7 218.7 亿元。

7.5 环境监测情况

2019 年，全国监测用房面积为 317.1 万平方米，监测业务经费为 199.7 亿元。环境监测仪器 38.9 万台（套），仪器设备原值为 396.6 亿元。

全国环境空气监测点位 8 688 个。地表水水质监测断面 11 310 个，集中式饮用水水源地监测点位 6 684 个。开展环境噪声监测的监测点位 79 079 个，开展污染源监督性监测的重点企业 40 272 家。

7.6 辐射环境监测情况

2019 年，全国辐射环境监测用房面积为 12.6 万平方米，辐射环境监测仪器设备原值总值为 254.4 亿元，辐射环境监测仪器设备数量为 14 742 台（套）。

7.7 环境监察执法情况

2019 年，全国已实施自动监控的重点排污单位有 23 818 家，其中已实施自动监控的废水排放口有 16 437 个，废气排放口有 23 539 个。实施自动监控的重点排污单位中，化学需氧量监控设备与生态环境部门稳定联网的企业事业单位有 16 058 家，氨氮监控设备与生态环境部门稳定联网的企业事业单位有 14 798 家，二氧化硫监控设备与环境保护部门稳定联网的企业事业单位有 17 838 家，氮氧化物监控设备与生态环境部门稳定联网的企业事业单位有 17 417 家，烟尘监控设备与生态环境部门稳定联网的企业事业单位有 21 610 家。

2019 年，纳入日常监管随机抽查信息库的污染源 827 573 家，日常监管随机抽查污染源 665 297 家。2019 年，生态环境部门下达处罚决定书共 16.3 万件，罚没款金额共 118.8 亿元。

2019 年，全国举办环境执法岗位培训班 102 期（12 356 人参加了培训），举办其他环境执法业务培训 6 718 期（202 754 人参加了培训）。

7.8 环境应急情况

2019 年，全国发生突发环境事件 261 次，其中，较大环境事件 3 次，一般环境事件 258 次。

8

全国辐射环境水平

8.1 环境电离辐射

2019 年，全国环境电离辐射水平处于本底涨落范围内。实时连续空气吸收剂量率和累积剂量处于当地天然本底涨落范围内。空气中天然放射性核素活度浓度处于本底水平，人工放射性核素活度浓度未见异常。长江、黄河、珠江、松花江、淮河、海河、辽河七大流域和浙闽片河流、西北诸河、西南诸河及重要湖泊（水库）中天然放射性核素活度浓度处于本底水平，人工放射性核素活度浓度未见异常。城市集中式饮用水水源地水及地下饮用水中总 α 活度和总 β 活度浓度低于《生活饮用水卫生标准》（GB 5749—2006）规定的指导值。近岸海域海水和海洋生物中天然放射性核素活度浓度处于本底水平，人工放射性核素活度浓度未见异常，其中海水中人工放射性核素活度浓度远低于《海水水质标准》（GB 3097—1 997）规定的限值。土壤中天然放射性核素活度浓度处于本底水平，人工放射性核素活度浓度未见异常。

8.2 运行核电基地周围环境电离辐射

2019 年，运行核电基地周围未监测到因核电厂运行引起的实时连续空气吸收剂量率异常。红沿河核电基地、三门核电基地、福清核电基地、海阳核电基地、阳江核电基地和昌江核电基地周围空气、水、土壤、生物等环境介质中人工放射性核素活度浓度未见异常，田湾核电基地、秦山核电基地、宁德核电基地、大亚湾核电基地、台山核电基地和防城港核电基地周围部分环境介质中氚活度浓度与核电厂运行前本底相比有所升高。评估结果显示，上述核电厂运行对公众造成的辐射剂量均远低于国家规定的剂量限值，未对环境安全和公众健康造成影响。

8.3 民用研究堆周围环境电离辐射

2019 年，清华大学核能与新能源技术研究院和深圳大学微堆等设施周围环境γ辐射空气吸收剂量率和空气、水、土壤、生物等环境介质中人工放射性核素活度浓度未见异常；中国原子能科学研究院和中国核动力研究设计院科研生产场区周围部分环境介质中锶-90 和钴-60 等核素活度浓度与本底相比有所升高。评估结果显示，上述民用研究堆和科研生产场区对公众造成的辐射剂量均远低于国家规定的限值，未对环境安全和公众健康造成影响。

8.4 核燃料循环设施和废物处置设施周围环境电离辐射

2019 年，中核兰州铀浓缩有限公司、中核陕西铀浓缩有限公司、中核北方核燃料元件有限公司、中核建中核燃料元件有限公司、中核二七二铀业有限责任公司和中核四〇四有限公司等单位运营的核燃料循环设施，以及西北低中放固体废物处置场和北龙低中放固体废物处置场周围环境 γ 辐射空气吸收剂量率处于当地天然本底涨落范围内，环境介质中与上述企业活动相关的放射性核素活度浓度未见异常。

8.5 铀矿冶设施周围环境电离辐射

2019 年，铀矿冶设施周围辐射环境质量总体稳定。周围环境 γ 辐射空气吸收剂量率、空气中氡活度浓度、气溶胶中总铀和总α浓度、地表水及土壤中总铀和镭-226 浓度处于历年涨落范围内，周边饮用水中总铀浓度、铅-210 浓度、钋-210 浓度和镭-226 浓度低于《铀矿冶辐射防护和环境保护规定》（GB 23727—2009）的相应限值。

8.6 电磁辐射

2019 年，31 个省（自治区、直辖市）电磁辐射监测国控点的电磁辐射水平均远低于《电磁环境控制限值》（GB 8702—2014）规定的公众曝露控制限值。监测的广播电视发射设施、移动通信基站天线、输电线路和变电站周围电磁环境敏感目标的电磁辐射水平均低于《电磁环境控制限值》（GB 8702—2014）规定的公众曝露控制限值。

9

各地区污染排放及治理统计

各地区主要污染物排放情况（一）
Discharge of Key Pollutants by Region（1）
（2019）

单位：吨　　　　　　　　　　　　　　　　　　　　　　　　　　　　　　　　（ton）

年份/地区	Year/ Region	化学需氧量排放量 Total Volume of COD Discharged	工业源 Industrial	农业源 Agricultural	生活源 Household	集中式污染治理设施 Centralized Treatment
	2016	**6 580 994**	**1 228 259**	**571 052**	**4 735 477**	**46 201**
	2017	**6 088 840**	**909 631**	**317 661**	**4 838 155**	**23 393**
	2018	**5 842 242**	**813 894**	**245 404**	**4 768 014**	**14 930**
	2019	**5 671 433**	**771 611**	**186 126**	**4 699 493**	**14 203**
北　京	BEIJING	42 523	1 403	2 753	38 233	134
天　津	TIANJIN	37 759	2 944	9 808	24 922	86
河　北	HEBEI	223 795	16 541	6 220	200 356	677
山　西	SHANXI	109 176	9 585	7 183	90 060	2 347
内蒙古	INNER MONGOLIA	58 859	20 617	678	37 343	221
辽　宁	LIAONING	131 080	27 996	3 800	98 682	602
吉　林	JILIN	76 547	16 297	2 637	57 470	141
黑龙江	HEILONGJIANG	158 746	18 517	2 973	137 180	75
上　海	SHANGHAI	55 625	8 074	2 222	45 007	321
江　苏	JIANGSU	474 120	109 953	9 288	354 553	326
浙　江	ZHEJIANG	206 215	49 077	1 916	154 290	932
安　徽	ANHUI	341 898	27 970	3 058	310 541	328
福　建	FUJIAN	251 571	31 816	4 876	212 578	2 301
江　西	JIANGXI	322 158	52 341	9 812	259 120	885
山　东	SHANDONG	275 674	52 729	1 797	221 014	134
河　南	HENAN	251 854	18 027	6 188	227 549	91
湖　北	HUBEI	267 614	19 721	2 126	245 635	133
湖　南	HUNAN	312 184	47 815	6 472	257 809	88
广　东	GUANGDONG	634 809	63 120	8 900	562 464	325
广　西	GUANGXI	327 265	25 502	5 758	295 913	93
海　南	HAINAN	44 885	5 265	83	39 525	11
重　庆	CHONGQING	51 504	16 792	74	34 386	252
四　川	SICHUAN	329 426	38 818	501	289 564	543
贵　州	GUIZHOU	124 235	4 762	883	118 500	91
云　南	YUNNAN	110 621	16 591	1 295	91 113	1 623
西　藏	TIBET	18 234	1 283	581	16 245	126
陕　西	SHAANXI	98 411	12 013	761	85 079	559
甘　肃	GANSU	59 521	17 920	661	40 384	557
青　海	QINGHAI	19 677	2 576	0	17 057	45
宁　夏	NINGXIA	90 086	13 180	57 312	19 561	32
新　疆	XINJIANG	165 363	22 368	25 512	117 359	123

各地区主要污染物排放情况（二）
Discharge of Key Pollutants by Region（2）
（2019）

单位：吨 （ton）

年份/地区	Year/Region	氨氮排放量 Total Volume of Ammonia Nitrogen Discharged	工业源 Industrial	农业源 Agricultural	生活源 Household	集中式污染治理设施 Centralized Treatment
	2016	**567 704**	**64 502**	**12 537**	**484 089**	**6 578**
	2017	**508 657**	**44 500**	**6 576**	**454 119**	**3 463**
	2018	**494 357**	**39 863**	**4 810**	**447 187**	**2 497**
	2019	**462 528**	**34 911**	**3 683**	**421 390**	**2 544**
北　京	BEIJING	2 801	46	31	2 703	21
天　津	TIANJIN	1 670	122	85	1 459	4
河　北	HEBEI	18 262	1 033	148	16 967	114
山　西	SHANXI	11 159	497	117	9 798	747
内蒙古	INNER MONGOLIA	3 362	1 186	13	2 135	27
辽　宁	LIAONING	9 571	1 010	33	8 500	28
吉　林	JILIN	5 347	898	34	4 400	15
黑龙江	HEILONGJIANG	13 710	948	9	12 738	16
上　海	SHANGHAI	7 259	421	67	6 754	17
江　苏	JIANGSU	33 483	6 165	429	26 830	58
浙　江	ZHEJIANG	13 433	1 029	287	12 067	50
安　徽	ANHUI	19 698	1 049	52	18 589	8
福　建	FUJIAN	15 644	1 027	208	14 219	190
江　西	JIANGXI	27 963	3 003	640	24 114	205
山　东	SHANDONG	23 356	2 505	34	20 805	12
河　南	HENAN	20 592	946	149	19 488	9
湖　北	HUBEI	22 513	980	105	21 338	90
湖　南	HUNAN	29 679	1 796	184	27 683	16
广　东	GUANGDONG	44 834	2 223	337	42 183	90
广　西	GUANGXI	24 741	1 040	107	23 566	29
海　南	HAINAN	4 745	151	1	4 592	1
重　庆	CHONGQING	4 852	653	1	4 161	37
四　川	SICHUAN	33 942	1 658	9	32 192	83
贵　州	GUIZHOU	15 597	612	42	14 917	26
云　南	YUNNAN	12 963	793	39	11 785	346
西　藏	TIBET	2 240	36	9	2 174	21
陕　西	SHAANXI	9 238	514	23	8 554	147
甘　肃	GANSU	4 987	389	0	4 494	104
青　海	QINGHAI	2 798	262	0	2 529	7
宁　夏	NINGXIA	3 270	531	240	2 494	5
新　疆	XINJIANG	18 818	1 386	250	17 161	21

各地区主要污染物排放情况（三）
Discharge of Key Pollutants by Region（3）
（2019）

单位：吨 （ton）

年份/地区	Year/Region	二氧化硫排放量 Total Volume of Sulphur Dioxide Discharged	工业源 Industrial	生活源 Household	集中式污染治理设施 Centralized Treatment
	2016	**8 548 930**	**7 704 689**	**840 128**	**4 118**
	2017	**6 108 376**	**5 298 770**	**805 186**	**4 421**
	2018	**5 161 169**	**4 467 324**	**687 238**	**6 606**
	2019	**4 572 858**	**3 953 670**	**612 998**	**6 191**
北　京	BEIJING	1 923	880	1 042	1
天　津	TIANJIN	17 831	15 963	1 818	50
河　北	HEBEI	286 938	230 605	53 875	2 458
山　西	SHANXI	228 640	197 156	31 473	11
内蒙古	INNER MONGOLIA	352 399	303 130	49 258	11
辽　宁	LIAONING	263 087	236 946	26 126	14
吉　林	JILIN	98 374	89 922	8 441	10
黑龙江	HEILONGJIANG	134 919	95 164	39 720	34
上　海	SHANGHAI	7 517	7 218	276	24
江　苏	JIANGSU	284 552	274 378	9 630	544
浙　江	ZHEJIANG	77 820	73 227	3 304	1 289
安　徽	ANHUI	151 022	148 280	2 602	140
福　建	FUJIAN	125 363	118 860	6 402	101
江　西	JIANGXI	227 079	210 658	16 199	223
山　东	SHANDONG	281 511	241 076	40 384	51
河　南	HENAN	104 387	96 567	7 807	13
湖　北	HUBEI	116 785	96 344	20 399	43
湖　南	HUNAN	191 311	85 709	105 475	127
广　东	GUANGDONG	120 421	113 333	6 727	361
广　西	GUANGXI	95 139	94 911	43	186
海　南	HAINAN	6 874	6 868	0	5
重　庆	CHONGQING	74 962	68 870	6 075	17
四　川	SICHUAN	188 160	176 137	11 964	59
贵　州	GUIZHOU	233 695	185 499	48 196	0
云　南	YUNNAN	235 755	203 546	32 110	99
西　藏	TIBET	3 372	2 523	848	1
陕　西	SHAANXI	143 261	127 336	15 819	106
甘　肃	GANSU	112 916	87 868	25 046	2
青　海	QINGHAI	43 211	40 323	2 704	183
宁　夏	NINGXIA	125 031	121 669	3 362	0
新　疆	XINJIANG	238 603	202 703	35 874	27

各地区主要污染物排放情况（四）
Discharge of Key Pollutants by Region（4）
（2019）

单位：吨 （ton）

年份/地区	Year/Region	氮氧化物排放量 Total Volume of Nitrogen Oxide Discharged	工业源 Industrial	生活源 Household	机动车 Vehicle	集中式污染治理设施 Centralized Treatment
	2016	**15 033 045**	**8 091 004**	**615 725**	**6 315 965**	**10 356**
	2017	**13 483 990**	**6 464 927**	**591 756**	**6 412 177**	**15 131**
	2018	**12 884 376**	**5 887 366**	**531 415**	**6 445 982**	**19 613**
	2019	**12 338 518**	**5 480 735**	**497 424**	**6 336 318**	**24 040**
北　京	BEIJING	98 619	8 005	4 913	85 667	34
天　津	TIANJIN	114 223	38 785	4 889	70 341	207
河　北	HEBEI	1 016 548	418 355	45 600	544 100	8 494
山　西	SHANXI	576 277	325 859	24 383	226 013	22
内蒙古	INNER MONGOLIA	589 717	384 540	41 970	163 197	9
辽　宁	LIAONING	703 001	394 508	30 385	278 049	59
吉　林	JILIN	245 204	106 056	9 914	129 198	35
黑龙江	HEILONGJIANG	368 397	134 480	56 254	177 540	122
上　海	SHANGHAI	151 591	26 980	5 035	118 994	582
江　苏	JIANGSU	875 649	436 369	11 987	422 000	5 294
浙　江	ZHEJIANG	380 369	136 216	5 869	234 966	3 319
安　徽	ANHUI	573 366	255 251	6 386	311 398	331
福　建	FUJIAN	305 834	173 526	3 926	128 080	301
江　西	JIANGXI	406 842	193 860	8 763	203 495	725
山　东	SHANDONG	1 093 288	415 801	29 976	647 267	245
河　南	HENAN	607 684	134 570	10 435	462 623	56
湖　北	HUBEI	356 347	139 852	13 940	202 273	282
湖　南	HUNAN	370 658	137 141	62 091	170 722	704
广　东	GUANGDONG	699 701	274 905	7 180	416 605	1 010
广　西	GUANGXI	365 189	182 503	1 161	180 668	857
海　南	HAINAN	48 739	22 806	234	25 659	40
重　庆	CHONGQING	175 171	62 882	5 178	106 960	151
四　川	SICHUAN	483 968	216 555	14 421	252 676	315
贵　州	GUIZHOU	231 517	118 059	14 509	98 949	0
云　南	YUNNAN	328 776	161 740	16 370	150 394	272
西　藏	TIBET	40 861	7 463	287	33 111	0
陕　西	SHAANXI	328 851	148 381	13 777	166 208	485
甘　肃	GANSU	219 664	104 820	14 898	99 943	3
青　海	QINGHAI	76 176	40 162	4 649	31 335	30
宁　夏	NINGXIA	154 905	94 693	2 604	57 600	9
新　疆	XINJIANG	351 383	185 612	25 440	140 286	47

各地区主要污染物排放情况（五）
Discharge of Key Pollutants by Region（5）
（2019）

单位：吨 （ton）

年份/地区	Year/Region	颗粒物排放量 Total Volume of Particulate Matter Discharged	工业源 Industrial	生活源 Household	机动车 Vehicle	集中式污染治理设施 Centralized Treatment
	2016	**16 080 107**	**13 761 577**	**2 192 114**	**122 757**	**3 662**
	2017	**12 849 494**	**10 669 966**	**2 061 452**	**114 314**	**3 762**
	2018	**11 322 554**	**9 489 037**	**1 731 412**	**99 350**	**2 755**
	2019	**10 884 766**	**9 259 287**	**1 549 001**	**73 693**	**2 784**
北　京	BEIJING	16 796	11 509	4 422	863	3
天　津	TIANJIN	29 206	19 383	8 990	828	5
河　北	HEBEI	482 191	341 843	133 223	6 438	687
山　西	SHANXI	393 523	303 388	87 897	2 230	7
内蒙古	INNER MONGOLIA	957 568	803 118	152 375	2 073	2
辽　宁	LIAONING	788 440	710 216	74 842	3 368	13
吉　林	JILIN	231 859	195 456	35 054	1 345	4
黑龙江	HEILONGJIANG	516 172	298 080	216 014	2 025	53
上　海	SHANGHAI	15 386	13 531	776	1 065	14
江　苏	JIANGSU	408 730	371 858	32 389	4 148	335
浙　江	ZHEJIANG	240 699	232 153	5 109	3 037	399
安　徽	ANHUI	559 727	548 245	8 007	3 315	160
福　建	FUJIAN	490 856	476 807	12 332	1 656	61
江　西	JIANGXI	399 790	368 003	29 262	2 201	324
山　东	SHANDONG	371 582	266 986	97 220	7 348	28
河　南	HENAN	175 251	149 996	19 600	5 644	11
湖　北	HUBEI	318 659	267 617	48 692	2 304	47
湖　南	HUNAN	500 358	236 458	261 816	2 073	11
广　东	GUANGDONG	586 655	564 195	17 198	5 159	102
广　西	GUANGXI	383 691	381 485	81	2 059	67
海　南	HAINAN	23 111	22 728	21	356	5
重　庆	CHONGQING	157 030	149 568	6 038	1 418	7
四　川	SICHUAN	345 746	322 495	20 155	2 839	257
贵　州	GUIZHOU	189 350	181 910	6 052	1 388	0
云　南	YUNNAN	522 039	449 503	70 337	2 112	86
西　藏	TIBET	135 211	133 966	825	420	1
陕　西	SHAANXI	299 322	255 027	42 363	1 851	81
甘　肃	GANSU	516 268	459 216	55 700	1 351	1
青　海	QINGHAI	100 349	90 532	9 404	409	4
宁　夏	NINGXIA	197 848	190 637	6 496	713	1
新　疆	XINJIANG	531 350	443 377	86 311	1 656	7

各地区工业废水排放及处理情况（一）

Discharge and Treatment of Industrial Waste Water by Region（1）

（2019）

单位：吨 （ton）

年份/ 地区	Year/ Region	工业废水中污染物排放量 Amount of Pollutants Discharged in the Industrial Waste Water			
		化学需氧量 COD	氨氮 Ammonia Nitrogen	总氮 Total Nitrogen	总磷 Total Phosphorus
	2016	**1 228 258**	**64 502**	**184 097**	**16 901**
	2017	**909 631**	**44 500**	**155 673**	**7 878**
	2018	**813 894**	**39 863**	**144 371**	**7 424**
	2019	**771 611**	**34 911**	**134 262**	**7 676**
北　京	BEIJING	1 403	46	1 251	20
天　津	TIANJIN	2 944	122	765	50
河　北	HEBEI	16 541	1 033	4 314	216
山　西	SHANXI	9 585	497	1 734	65
内蒙古	INNER MONGOLIA	20 617	1 186	3 481	59
辽　宁	LIAONING	27 996	1 010	6 527	428
吉　林	JILIN	16 297	898	2 109	233
黑龙江	HEILONGJIANG	18 517	948	3 078	146
上　海	SHANGHAI	8 074	421	2 438	52
江　苏	JIANGSU	109 953	6 165	17 179	923
浙　江	ZHEJIANG	49 077	1 029	10 980	247
安　徽	ANHUI	27 970	1 049	4 638	314
福　建	FUJIAN	31 816	1 027	4 505	266
江　西	JIANGXI	52 341	3 003	6 523	371
山　东	SHANDONG	52 729	2 505	11 612	670
河　南	HENAN	18 027	946	5 191	118
湖　北	HUBEI	19 721	980	4 924	230
湖　南	HUNAN	47 815	1 796	4 811	440
广　东	GUANGDONG	63 120	2 223	11 003	772
广　西	GUANGXI	25 502	1 040	4 387	587
海　南	HAINAN	5 265	151	1 224	54
重　庆	CHONGQING	16 792	653	2 646	144
四　川	SICHUAN	38 818	1 658	5 421	508
贵　州	GUIZHOU	4 762	612	839	85
云　南	YUNNAN	16 591	793	2 766	231
西　藏	TIBET	1 283	36	92	9
陕　西	SHAANXI	12 013	514	3 086	69
甘　肃	GANSU	17 920	389	1 087	21
青　海	QINGHAI	2 576	262	148	19
宁　夏	NINGXIA	13 180	531	2 510	117
新　疆	XINJIANG	22 368	1 386	2 989	215

各地区工业废水排放及处理情况（二）
Discharge and Treatment of Industrial Waste Water by Region（2）
（2019）

单位：千克 （kg）

年份/地区	Year/Region	工业废水中污染物排放量 Amount of Pollutants Discharged in the Industrial Waste Water			
		石油类 Petroleum	挥发酚 Volatile Phenol	氰化物 Cyanide	重金属 Heavy Metal
	2016	**11 599 426**	**272 124**	**57 937**	**162 646**
	2017	**7 639 284**	**244 103**	**54 044**	**176 384**
	2018	**7 157 690**	**174 441**	**46 053**	**125 421**
	2019	**6 292 979**	**147 074**	**38 236**	**117 650**
北　京	BEIJING	1 648	7	3	47
天　津	TIANJIN	107 168	2 703	53	306
河　北	HEBEI	192 571	14 060	4 510	13 707
山　西	SHANXI	64 371	1 377	2 334	1 975
内蒙古	INNER MONGOLIA	43 594	1 904	71	1 908
辽　宁	LIAONING	350 668	13 808	2 696	1 363
吉　林	JILIN	647 528	4 165	851	401
黑龙江	HEILONGJIANG	161 968	3 088	849	245
上　海	SHANGHAI	115 124	668	263	252
江　苏	JIANGSU	787 967	3 560	2 137	7 921
浙　江	ZHEJIANG	388 067	2 438	2 486	8 805
安　徽	ANHUI	343 866	5 085	3 376	5 275
福　建	FUJIAN	390 153	630	1 125	6 423
江　西	JIANGXI	194 563	3 693	1 480	14 808
山　东	SHANDONG	362 620	34 113	3 733	3 441
河　南	HENAN	96 791	1 414	1 373	3 784
湖　北	HUBEI	248 916	2 036	2 778	2 468
湖　南	HUNAN	132 850	26 182	434	6 364
广　东	GUANGDONG	769 486	1 323	2 138	5 795
广　西	GUANGXI	108 571	643	18	5 966
海　南	HAINAN	10 110	11 610	0	90
重　庆	CHONGQING	209 443	792	132	639
四　川	SICHUAN	242 064	1 351	667	3 072
贵　州	GUIZHOU	23 033	667	225	684
云　南	YUNNAN	45 049	2 379	7	4 003
西　藏	TIBET	0	0	0	0
陕　西	SHAANXI	89 983	591	1 043	6 685
甘　肃	GANSU	44 729	517	500	8 463
青　海	QINGHAI	4 431	965	257	145
宁　夏	NINGXIA	65 727	2 392	650	999
新　疆	XINJIANG	49 920	2 912	2 048	1 619

各地区工业废气排放及处理情况
Discharge and Treatment of Industrial Waste Gas by Region
（2019）

单位：吨　（ton）

年份/地区	Year/Region	工业废气中污染物排放量 Volume of Pollutants Emission in the Industrial Waste Gas		
		二氧化硫 Sulphur Dioxide	氮氧化物 Nitrogen Oxide	颗粒物 Particulate Matter
	2016	**7 704 689**	**8 091 004**	**13 761 577**
	2017	**5 298 770**	**6 464 927**	**10 669 966**
	2018	**4 467 324**	**5 887 366**	**9 489 037**
	2019	**3 953 670**	**5 480 735**	**9 259 287**
北　京	BEIJING	880	8 005	11 509
天　津	TIANJIN	15 963	38 785	19 383
河　北	HEBEI	230 605	418 355	341 843
山　西	SHANXI	197 156	325 859	303 388
内蒙古	INNER MONGOLIA	303 130	384 540	803 118
辽　宁	LIAONING	236 946	394 508	710 216
吉　林	JILIN	89 922	106 056	195 456
黑龙江	HEILONGJIANG	95 164	134 480	298 080
上　海	SHANGHAI	7 218	26 980	13 531
江　苏	JIANGSU	274 378	436 369	371 858
浙　江	ZHEJIANG	73 227	136 216	232 153
安　徽	ANHUI	148 280	255 251	548 245
福　建	FUJIAN	118 860	173 526	476 807
江　西	JIANGXI	210 658	193 860	368 003
山　东	SHANDONG	241 076	415 801	266 986
河　南	HENAN	96 567	134 570	149 996
湖　北	HUBEI	96 344	139 852	267 617
湖　南	HUNAN	85 709	137 141	236 458
广　东	GUANGDONG	113 333	274 905	564 195
广　西	GUANGXI	94 911	182 503	381 485
海　南	HAINAN	6 868	22 806	22 728
重　庆	CHONGQING	68 870	62 882	149 568
四　川	SICHUAN	176 137	216 555	322 495
贵　州	GUIZHOU	185 499	118 059	181 910
云　南	YUNNAN	203 546	161 740	449 503
西　藏	TIBET	2 523	7 463	133 966
陕　西	SHAANXI	127 336	148 381	255 027
甘　肃	GANSU	87 868	104 820	459 216
青　海	QINGHAI	40 323	40 162	90 532
宁　夏	NINGXIA	121 669	94 693	190 637
新　疆	XINJIANG	202 703	185 612	443 377

各地区一般工业固体废物产生及利用处置情况
Generation and Utilization of Industrial Solid Wastes by Region
（2019）

单位：万吨 （10 000 tons）

年份/地区 Year/Region	一般工业固体废物产生量 Industrial Solid Wastes Generated	一般工业固体废物综合利用量 Industrial Solid Wastes Utilized	一般工业固体废物处置量 Industrial Solid Wastes Disposed
2016	**371 237**	**210 995**	**85 232**
2017	**386 707**	**206 117**	**94 314**
2018	**407 799**	**216 860**	**103 283**
2019	**440 810**	**232 079**	**110 359**
北 京 BEIJING	690	427	260
天 津 TIANJIN	1 968	1 939	25
河 北 HEBEI	32 744	17 661	5 040
山 西 SHANXI	52 037	18 440	27 402
内蒙古 INNER MONGOLIA	42 671	11 469	19 418
辽 宁 LIAONING	22 621	10 527	8 509
吉 林 JILIN	5 362	2 885	1 560
黑龙江 HEILONGJIANG	9 799	4 560	1 389
上 海 SHANGHAI	1 826	1 676	149
江 苏 JIANGSU	13 610	11 822	992
浙 江 ZHEJIANG	5 722	5 355	336
安 徽 ANHUI	16 571	13 230	1 572
福 建 FUJIAN	9 418	6 380	1 843
江 西 JIANGXI	13 049	6 968	1 391
山 东 SHANDONG	32 129	25 230	2 299
河 南 HENAN	24 965	11 976	5 457
湖 北 HUBEI	13 368	10 060	2 467
湖 南 HUNAN	7 510	5 206	975
广 东 GUANGDONG	10 111	7 331	925
广 西 GUANGXI	10 278	5 408	1 338
海 南 HAINAN	609	398	200
重 庆 CHONGQING	2 730	1 935	506
四 川 SICHUAN	18 722	7 632	2 231
贵 州 GUIZHOU	12 734	7 078	1 831
云 南 YUNNAN	20 797	10 694	7 411
西 藏 TIBET	3 238	129	222
陕 西 SHAANXI	14 846	5 411	6 707
甘 肃 GANSU	6 485	2 550	1 824
青 海 QINGHAI	15 603	8 685	318
宁 夏 NINGXIA	6 423	2 552	2 971
新 疆 XINJIANG	12 176	6 465	2 789

各地区工业危险废物产生及利用处置情况
Generation and Utilization of Hazardous Wastes by Region
（2019）

单位：吨 （ton）

年份/地区	Year/Region	危险废物产生量 Hazardous Wastes Generated	危险废物利用处置量 Hazardous Wastes Utilized and Disposed
	2016	**52 195 017**	**43 172 073**
	2017	**65 812 889**	**59 726 782**
	2018	**74 699 695**	**67 884 921**
	2019	**81 259 549**	**75 392 825**
北　京	BEIJING	245 855	241 398
天　津	TIANJIN	623 957	622 972
河　北	HEBEI	2 841 871	2 692 195
山　西	SHANXI	3 606 674	3 529 091
内蒙古	INNER MONGOLIA	7 338 611	6 435 369
辽　宁	LIAONING	2 826 468	2 469 082
吉　林	JILIN	2 698 644	1 496 863
黑龙江	HEILONGJIANG	869 010	751 220
上　海	SHANGHAI	1 248 383	1 251 753
江　苏	JIANGSU	6 515 695	6 231 853
浙　江	ZHEJIANG	5 019 797	5 085 282
安　徽	ANHUI	1 562 441	1 476 506
福　建	FUJIAN	1 481 264	1 313 975
江　西	JIANGXI	2 100 260	1 886 594
山　东	SHANDONG	9 856 149	10 461 117
河　南	HENAN	2 300 721	2 128 788
湖　北	HUBEI	1 206 615	1 103 733
湖　南	HUNAN	4 163 223	4 083 480
广　东	GUANGDONG	4 664 464	4 334 998
广　西	GUANGXI	2 794 693	2 656 159
海　南	HAINAN	49 286	58 721
重　庆	CHONGQING	720 315	682 593
四　川	SICHUAN	3 649 250	3 491 863
贵　州	GUIZHOU	739 230	626 291
云　南	YUNNAN	3 681 856	3 347 155
西　藏	TIBET	4 777	4 504
陕　西	SHAANXI	1 871 583	1 689 327
甘　肃	GANSU	1 778 926	1 396 866
青　海	QINGHAI	1 199 243	499 098
宁　夏	NINGXIA	895 742	823 371
新　疆	XINJIANG	2 704 548	2 520 609

各地区大型畜禽养殖场污染排放情况
Discharge of Large Sized Livestock Farms Pollution by Region
（2019）

单位：吨　　　　　　　　　　　　　　　　　　　　　　　　　　　　　　(ton)

年份/地区	Year/Region	污染物排放总量 Total Amount of Pollutants Discharge			
		化学需氧量 COD	氨氮 Ammonia Nitrogen	总氮 Total Nitrogen	总磷 Total Phosphorus
	2016	**571 052**	**12 537**	**40 909**	**6 273**
	2017	**317 661**	**6 576**	**22 859**	**3 096**
	2018	**245 404**	**4 810**	**17 691**	**2 307**
	2019	**186 126**	**3 683**	**13 386**	**1 821**
北　京	BEIJING	2 753	31	164	34
天　津	TIANJIN	9 808	85	515	124
河　北	HEBEI	6 220	148	532	57
山　西	SHANXI	7 183	117	406	94
内蒙古	INNER MONGOLIA	678	13	67	6
辽　宁	LIAONING	3 800	33	210	35
吉　林	JILIN	2 637	34	113	31
黑龙江	HEILONGJIANG	2 973	9	153	25
上　海	SHANGHAI	2 222	67	203	15
江　苏	JIANGSU	9 288	429	923	98
浙　江	ZHEJIANG	1 916	287	494	25
安　徽	ANHUI	3 058	52	210	23
福　建	FUJIAN	4 876	208	485	78
江　西	JIANGXI	9 812	640	1 303	148
山　东	SHANDONG	1 797	34	185	18
河　南	HENAN	6 188	149	451	86
湖　北	HUBEI	2 126	105	296	33
湖　南	HUNAN	6 472	184	509	99
广　东	GUANGDONG	8 900	337	856	129
广　西	GUANGXI	5 758	107	403	61
海　南	HAINAN	83	1	5	1
重　庆	CHONGQING	74	1	5	1
四　川	SICHUAN	501	9	34	7
贵　州	GUIZHOU	883	42	110	14
云　南	YUNNAN	1 295	39	101	14
西　藏	TIBET	581	9	36	8
陕　西	SHAANXI	761	23	62	11
甘　肃	GANSU	661	0	30	7
青　海	QINGHAI	0	0	0	0
宁　夏	NINGXIA	57 312	240	3 075	349
新　疆	XINJIANG	25 512	250	1 452	189

各地区生活污染排放及处理情况（一）
Discharge and Treatment of Household Pollution by Region（1）
（2019）

单位：吨 （ton）

年份/地区	Year/Region	生活源化学需氧量排放量 Amount of Household COD Discharged	生活源氨氮排放量 Amount of Household Ammonia Nitrogen Discharged	生活源总氮排放量 Amount of Household Total Nitrogen Discharged	生活源总磷排放量 Amount of Household Total Phosphorus Discharged
	2016	**4 735 477**	**484 089**	**1 002 386**	**66 710**
	2017	**4 838 155**	**454 119**	**1 018 729**	**58 492**
	2018	**4 768 014**	**447 187**	**1 036 182**	**54 389**
	2019	**4 699 493**	**421 390**	**1 024 460**	**49 839**
北　京	BEIJING	38 233	2 703	11 618	494
天　津	TIANJIN	24 922	1 459	10 122	206
河　北	HEBEI	200 356	16 967	41 039	1 709
山　西	SHANXI	90 060	9 798	23 496	1 145
内蒙古	INNER MONGOLIA	37 343	2 135	9 807	303
辽　宁	LIAONING	98 682	8 500	32 501	1 389
吉　林	JILIN	57 470	4 400	14 864	627
黑龙江	HEILONGJIANG	137 180	12 738	29 491	1 117
上　海	SHANGHAI	45 007	6 754	19 827	492
江　苏	JIANGSU	354 553	26 830	69 837	3 453
浙　江	ZHEJIANG	154 290	12 067	42 031	1 280
安　徽	ANHUI	310 541	18 589	43 509	2 245
福　建	FUJIAN	212 578	14 219	33 176	1 600
江　西	JIANGXI	259 120	24 114	40 665	4 143
山　东	SHANDONG	221 014	20 805	57 537	1 906
河　南	HENAN	227 549	19 488	57 837	1 796
湖　北	HUBEI	245 635	21 338	47 707	2 276
湖　南	HUNAN	257 809	27 683	49 837	4 006
广　东	GUANGDONG	562 464	42 183	119 770	5 959
广　西	GUANGXI	295 913	23 566	42 166	3 276
海　南	HAINAN	39 525	4 592	8 237	621
重　庆	CHONGQING	34 386	4 161	17 110	517
四　川	SICHUAN	289 564	32 192	67 241	3 023
贵　州	GUIZHOU	118 500	14 917	28 784	1 750
云　南	YUNNAN	91 113	11 785	20 991	1 130
西　藏	TIBET	16 245	2 174	3 078	237
陕　西	SHAANXI	85 079	8 554	25 361	899
甘　肃	GANSU	40 384	4 494	11 513	498
青　海	QINGHAI	17 057	2 529	8 172	219
宁　夏	NINGXIA	19 561	2 494	7 698	124
新　疆	XINJIANG	117 359	17 161	29 437	1 400

各地区生活污染排放及处理情况（二）
Discharge and Treatment of Household Pollution by Region（2）
（2019）

单位：吨 （ton）

年份/地区	Year/Region	生活源二氧化硫排放量 Amount of Household Sulphur Dioxide Emission	生活源氮氧化物排放量 Amount of Household Nitrogen Oxide Emission	生活源颗粒物排放量 Amount of Household Soot Emission
	2016	**840 128**	**615 725**	**2 192 114**
	2017	**805 186**	**591 756**	**2 061 452**
	2018	**687 238**	**531 415**	**1 731 412**
	2019	**612 998**	**497 424**	**1 549 001**
北　京	BEIJING	1 042	4 913	4 422
天　津	TIANJIN	1 818	4 889	8 990
河　北	HEBEI	53 875	45 600	133 223
山　西	SHANXI	31 473	24 383	87 897
内蒙古	INNER MONGOLIA	49 258	41 970	152 375
辽　宁	LIAONING	26 126	30 385	74 842
吉　林	JILIN	8 441	9 914	35 054
黑龙江	HEILONGJIANG	39 720	56 254	216 014
上　海	SHANGHAI	276	5 035	776
江　苏	JIANGSU	9 630	11 987	32 389
浙　江	ZHEJIANG	3 304	5 869	5 109
安　徽	ANHUI	2 602	6 386	8 007
福　建	FUJIAN	6 402	3 926	12 332
江　西	JIANGXI	16 199	8 763	29 262
山　东	SHANDONG	40 384	29 976	97 220
河　南	HENAN	7 807	10 435	19 600
湖　北	HUBEI	20 399	13 940	48 692
湖　南	HUNAN	105 475	62 091	261 816
广　东	GUANGDONG	6 727	7 180	17 198
广　西	GUANGXI	43	1 161	81
海　南	HAINAN	0	234	21
重　庆	CHONGQING	6 075	5 178	6 038
四　川	SICHUAN	11 964	14 421	20 155
贵　州	GUIZHOU	48 196	14 509	6 052
云　南	YUNNAN	32 110	16 370	70 337
西　藏	TIBET	848	287	825
陕　西	SHAANXI	15 819	13 777	42 363
甘　肃	GANSU	25 046	14 898	55 700
青　海	QINGHAI	2 704	4 649	9 404
宁　夏	NINGXIA	3 362	2 604	6 496
新　疆	XINJIANG	35 874	25 440	86 311

各地区生活垃圾处理场（厂）污染排放情况（一）
Discharge of Garbage Treatment Plants Pollution by Region（1）
（2019）

单位：吨 （ton）

年份/ 地区	Year/ Region	渗滤液中污染物排放量 Amount of Pollutants Discharged in the Landfill Leachate	
		化学需氧量 COD	氨氮 Ammonia Nitrogen
	2016	**45 786**	**6 545**
	2017	**22 830**	**3 440**
	2018	**14 402**	**2 471**
	2019	**13 720**	**2 517**
北　京	BEIJING	133	21
天　津	TIANJIN	48	3
河　北	HEBEI	654	107
山　西	SHANXI	2 347	747
内蒙古	INNER MONGOLIA	221	27
辽　宁	LIAONING	594	27
吉　林	JILIN	141	15
黑龙江	HEILONGJIANG	74	16
上　海	SHANGHAI	223	14
江　苏	JIANGSU	204	54
浙　江	ZHEJIANG	900	48
安　徽	ANHUI	323	7
福　建	FUJIAN	2 298	190
江　西	JIANGXI	884	205
山　东	SHANDONG	86	11
河　南	HENAN	88	9
湖　北	HUBEI	100	90
湖　南	HUNAN	86	16
广　东	GUANGDONG	302	89
广　西	GUANGXI	82	25
海　南	HAINAN	11	1
重　庆	CHONGQING	238	36
四　川	SICHUAN	532	82
贵　州	GUIZHOU	90	26
云　南	YUNNAN	1 622	346
西　藏	TIBET	126	21
陕　西	SHAANXI	556	147
甘　肃	GANSU	557	104
青　海	QINGHAI	45	7
宁　夏	NINGXIA	32	5
新　疆	XINJIANG	123	21

各地区生活垃圾处理场（厂）污染排放情况（二）
Discharge of Garbage Treatment Plants Pollution by Region（2）
（2019）

单位：吨 （ton）

年份/地区 Year/Region	废气中污染物排放量 Amount of Pollutants Discharged in the Waste Gas		
	二氧化硫 Sulphur Dioxide	氮氧化物 Nitrogen Oxide	颗粒物 Particulate Matter
2016	**1 120**	**2 613**	**1 179**
2017	**1 513**	**6 789**	**2 256**
2018	**1 272**	**6 348**	**672**
2019	**1 240**	**6 879**	**418**
北　京 BEIJING	0	0	0
天　津 TIANJIN	20	148	1
河　北 HEBEI	0	0	0
山　西 SHANXI	0	0	1
内蒙古 INNER MONGOLIA	0	0	0
辽　宁 LIAONING	2	4	2
吉　林 JILIN	0	0	0
黑龙江 HEILONGJIANG	31	33	43
上　海 SHANGHAI	0	0	0
江　苏 JIANGSU	233	3 202	82
浙　江 ZHEJIANG	713	2 495	202
安　徽 ANHUI	103	156	8
福　建 FUJIAN	0	0	0
江　西 JIANGXI	0	0	0
山　东 SHANDONG	1	2	0
河　南 HENAN	1	2	2
湖　北 HUBEI	7	11	4
湖　南 HUNAN	119	645	5
广　东 GUANGDONG	0	0	0
广　西 GUANGXI	3	23	0
海　南 HAINAN	0	0	0
重　庆 CHONGQING	0	0	0
四　川 SICHUAN	0	2	0
贵　州 GUIZHOU	0	0	0
云　南 YUNNAN	1	149	33
西　藏 TIBET	0	0	0
陕　西 SHAANXI	2	3	33
甘　肃 GANSU	0	0	0
青　海 QINGHAI	2	7	1
宁　夏 NINGXIA	0	0	0
新　疆 XINJIANG	0	0	0

各地区危险废物（医疗废物）集中处理厂污染排放情况（一）
Discharge of Hazardous Wastes（Medical Wastes）Treatment Plants Pollution by Region（1）
（2019）

单位：吨 （ton）

年份/地区	Year/Region	渗滤液中污染物排放量 Amount of Pollutants Discharged in the Landfill Leachate	
		化学需氧量 COD	氨氮 Ammonia Nitrogen
	2016	**415**	**33**
	2017	**563**	**24**
	2018	**528**	**26**
	2019	**483**	**27**
北　京	BEIJING	1	0
天　津	TIANJIN	38	1
河　北	HEBEI	23	7
山　西	SHANXI	0	0
内蒙古	INNER MONGOLIA	0	0
辽　宁	LIAONING	8	1
吉　林	JILIN	1	0
黑龙江	HEILONGJIANG	1	0
上　海	SHANGHAI	98	3
江　苏	JIANGSU	122	4
浙　江	ZHEJIANG	32	2
安　徽	ANHUI	5	0
福　建	FUJIAN	4	0
江　西	JIANGXI	1	0
山　东	SHANDONG	48	1
河　南	HENAN	3	0
湖　北	HUBEI	33	0
湖　南	HUNAN	1	0
广　东	GUANGDONG	24	1
广　西	GUANGXI	11	4
海　南	HAINAN	0	0
重　庆	CHONGQING	14	0
四　川	SICHUAN	11	1
贵　州	GUIZHOU	1	0
云　南	YUNNAN	1	0
西　藏	TIBET	0	0
陕　西	SHAANXI	3	0
甘　肃	GANSU	0	0
青　海	QINGHAI	0	0
宁　夏	NINGXIA	0	0
新　疆	XINJIANG	0	0

各地区危险废物（医疗废物）集中处理厂污染排放情况（二）
Discharge of Hazardous Wastes（Medical Wastes）Treatment Plants Pollution by Region（2）
（2019）

单位：吨 （ton）

年份/地区	Year/Region	废气中污染物排放量 Amount of Pollutants Discharged in the Waste Gas		
		二氧化硫 Sulphur Dioxide	氮氧化物 Nitrogen Oxide	颗粒物 Particulate Matter
	2016	**2 998**	**7 743**	**2 483**
	2017	**2 907**	**8 342**	**1 506**
	2018	**5 334**	**13 264**	**2 082**
	2019	**4 951**	**17 161**	**2 366**
北　京	BEIJING	1	34	3
天　津	TIANJIN	30	59	4
河　北	HEBEI	2 458	8 494	687
山　西	SHANXI	11	22	6
内蒙古	INNER MONGOLIA	11	9	2
辽　宁	LIAONING	11	55	11
吉　林	JILIN	10	35	4
黑龙江	HEILONGJIANG	3	89	10
上　海	SHANGHAI	24	582	14
江　苏	JIANGSU	311	2 092	253
浙　江	ZHEJIANG	576	824	197
安　徽	ANHUI	37	176	152
福　建	FUJIAN	101	301	61
江　西	JIANGXI	223	725	324
山　东	SHANDONG	50	243	28
河　南	HENAN	12	53	9
湖　北	HUBEI	36	272	44
湖　南	HUNAN	8	59	6
广　东	GUANGDONG	361	1 010	102
广　西	GUANGXI	183	834	67
海　南	HAINAN	5	40	5
重　庆	CHONGQING	17	151	7
四　川	SICHUAN	59	314	257
贵　州	GUIZHOU	0	0	0
云　南	YUNNAN	98	123	54
西　藏	TIBET	1	0	1
陕　西	SHAANXI	104	483	48
甘　肃	GANSU	2	3	1
青　海	QINGHAI	182	24	3
宁　夏	NINGXIA	0	9	1
新　疆	XINJIANG	27	47	7

各地区机动车污染排放情况
Discharge of Motor Vehicle Pollution by Region
（2019）

单位：吨　　　　　　　　　　　　　　　　　　　　（tons）

年份/地区	Year/Region	机动车污染物排放总量 Total Amount of Discharge of Motor Vehicle Pollution	
		总颗粒物 Total Particulate	氮氧化物 Nitrogen Oxide
	2016	**122 757**	**6 315 965**
	2017	**114 314**	**6 412 177**
	2018	**99 350**	**6 445 982**
	2019	**73 693**	**6 336 318**
北　京	BEIJING	863	85 667
天　津	TIANJIN	828	70 341
河　北	HEBEI	6 438	544 100
山　西	SHANXI	2 230	226 013
内蒙古	INNER MONGOLIA	2 073	163 197
辽　宁	LIAONING	3 368	278 049
吉　林	JILIN	1 345	129 198
黑龙江	HEILONGJIANG	2 025	177 540
上　海	SHANGHAI	1 065	118 994
江　苏	JIANGSU	4 148	422 000
浙　江	ZHEJIANG	3 037	234 966
安　徽	ANHUI	3 315	311 398
福　建	FUJIAN	1 656	128 080
江　西	JIANGXI	2 201	203 495
山　东	SHANDONG	7 348	647 267
河　南	HENAN	5 644	462 623
湖　北	HUBEI	2 304	202 273
湖　南	HUNAN	2 073	170 722
广　东	GUANGDONG	5 159	416 605
广　西	GUANGXI	2 059	180 668
海　南	HAINAN	356	25 659
重　庆	CHONGQING	1 418	106 960
四　川	SICHUAN	2 839	252 676
贵　州	GUIZHOU	1 388	98 949
云　南	YUNNAN	2 112	150 394
西　藏	TIBET	420	33 111
陕　西	SHAANXI	1 851	166 208
甘　肃	GANSU	1 351	99 943
青　海	QINGHAI	409	31 335
宁　夏	NINGXIA	713	57 600
新　疆	XINJIANG	1 656	140 286

各地区工业污染治理情况（一）
Discharge and Treatment of Industrial Waste Water by Region（1）
（2019）

年份/地区 Year/Region	废水治理设施数量/套 Number of Facilities for Treatment of Waste Water（set）	废水治理设施治理能力/（万吨/日） Capacity of Facilities for Treatment of Waste Water（10 000 tons/day）	废水治理设施运行费用/万元 Annual Expenditure for Operation（10 000 yuan）
2016	**63 477**	**20 010.4**	**6 270 479.3**
2017	**62 125**	**18 330.6**	**6 498 905.9**
2018	**63 412**	**16 317.0**	**6 691 809.6**
2019	**69 200**	**17 195.3**	**8 075 179.8**
北　京 BEIJING	499	42.5	42 328.1
天　津 TIANJIN	965	79.2	82 248.7
河　北 HEBEI	2 690	855.3	291 165.7
山　西 SHANXI	1 377	502.6	189 070.4
内蒙古 INNER MONGOLIA	1 226	494.8	269 811.8
辽　宁 LIAONING	1 804	665.8	246 527.8
吉　林 JILIN	625	134.3	65 288.3
黑龙江 HEILONGJIANG	827	591.5	163 790.5
上　海 SHANGHAI	1 664	172.4	167 444.9
江　苏 JIANGSU	6 775	1 443.3	986 676.8
浙　江 ZHEJIANG	8 122	1 087.9	833 385.6
安　徽 ANHUI	2 752	808.3	263 512.0
福　建 FUJIAN	2 830	983.6	216 667.0
江　西 JIANGXI	3 488	680.8	186 809.9
山　东 SHANDONG	4 944	1 203.0	674 960.9
河　南 HENAN	2 531	853.0	244 863.6
湖　北 HUBEI	2 283	659.4	1 227 840.8
湖　南 HUNAN	2 198	661.8	133 415.5
广　东 GUANGDONG	8 654	911.8	673 205.4
广　西 GUANGXI	1 272	677.8	136 231.4
海　南 HAINAN	287	42.0	31 514.5
重　庆 CHONGQING	1 743	158.8	84 234.5
四　川 SICHUAN	3 974	478.5	229 365.2
贵　州 GUIZHOU	871	366.4	57 290.4
云　南 YUNNAN	1 572	687.8	85 247.1
西　藏 TIBET	54	3.8	727.9
陕　西 SHAANXI	1 174	386.4	128 399.6
甘　肃 GANSU	605	104.1	60 135.2
青　海 QINGHAI	172	25.8	15 899.8
宁　夏 NINGXIA	317	123.9	86 996.9
新　疆 XINJIANG	905	1 308.9	200 123.5

各地区工业污染治理情况（二）
Discharge and Treatment of Industrial Waste Gas by Region（2）
（2019）

年份/地区	Year/Region	废气治理设施数量/台（套）Facilities for Treatment of Waste Gas	脱硫设施 Desulfurization Facilities	脱硝设施 Denitrification Facilities	除尘设施 Dedusting Facilities	VOCs 治理设施 VOCs Treatment Facilities	废气治理设施运行费用/万元 Annul Expenditure for Operation (10 000 yuan)
	2016	**158 682**	**30 700**	**10 124**	**101 427**	**16 431**	**23 886 925.2**
	2017	**229 618**	**43 070**	**18 859**	**125 630**	**42 059**	**19 679 047.9**
	2018	**246 558**	**41 741**	**21 815**	**129 907**	**53 095**	**21 728 171.1**
	2019	**315 586**	**46 269**	**27 699**	**162 799**	**78 819**	**23 396 539.1**
北　京	BEIJING	2 856	41	445	1 443	927	75 708.3
天　津	TIANJIN	5 607	361	447	2 463	2 336	512 163.2
河　北	HEBEI	30 705	2 692	2 308	16 860	8 845	2 184 875.7
山　西	SHANXI	15 907	3 203	1 712	10 001	991	1 205 855.4
内蒙古	INNER MONGOLIA	9 355	2 314	926	5 898	217	989 487.1
辽　宁	LIAONING	12 600	2 803	1 145	7 804	848	980 074.2
吉　林	JILIN	4 013	1 073	407	2 229	304	250 492.1
黑龙江	HEILONGJIANG	4 348	1 044	708	2 491	105	223 865.6
上　海	SHANGHAI	8 769	191	397	3 879	4 302	541 665.7
江　苏	JIANGSU	23 804	2 056	1 798	10 565	9 385	2 351 376.1
浙　江	ZHEJIANG	22 819	1 780	1 307	9 261	10 471	1 545 770.3
安　徽	ANHUI	13 374	1 771	895	7 702	3 006	914 756.3
福　建	FUJIAN	8 897	1 457	514	4 804	2 122	539 078.6
江　西	JIANGXI	10 666	1 955	777	5 976	1 958	516 655.6
山　东	SHANDONG	30 139	4 602	4 822	13 397	7 318	2 892 424.4
河　南	HENAN	14 800	2 257	1 846	7 506	3 191	1 054 930.1
湖　北	HUBEI	7 326	958	602	4 336	1 430	818 057.7
湖　南	HUNAN	7 301	1 716	380	4 277	928	403 294.4
广　东	GUANGDONG	29 809	2 893	1 765	11 685	13 466	1 285 711.8
广　西	GUANGXI	5 340	1 228	482	3 242	388	439 124.0
海　南	HAINAN	757	135	74	511	37	66 522.0
重　庆	CHONGQING	4 419	794	276	2 429	920	302 931.1
四　川	SICHUAN	13 970	2 224	742	7 505	3 499	716 953.1
贵　州	GUIZHOU	1 969	535	245	1 089	100	377 437.0
云　南	YUNNAN	5 879	1 373	280	4 053	173	397 290.5
西　藏	TIBET	282	25	18	235	4	7 479.6
陕　西	SHAANXI	6 503	1 346	835	3 337	985	522 668.9
甘　肃	GANSU	4 183	1 236	385	2 461	101	322 290.7
青　海	QINGHAI	1 025	146	68	774	37	101 516.4
宁　夏	NINGXIA	2 580	572	345	1 498	165	362 918.7
新　疆	XINJIANG	5 584	1 488	748	3 088	260	493 164.5

各地区工业污染防治投资情况（一）
Treatment Investment for Industrial Pollution by Region（1）
（2019）

单位：个　　　　(unit)

年份/地区 Year/Region	汇总工业企业数量 Number of Industrial Enterprises Collected	本年施工项目总数 Numer of Projects under Construction	工业废水治理项目 Treatment of Waste Water	工业废气治理项目 Treatment of Waste Gas	脱硫治理项目 Treatment of Desulfurization	脱硝治理项目 Treatment of Denitration	工业固体废物治理项目 Treatment of Solid Wastes	噪声治理项目 Treatment of Noise Pollution	其他治理项目 Treatment of Other Pollution
2016	**8 271**	**8 869**	**1 597**	**5 779**	**1 352**	**478**	**215**	**91**	**1 187**
2017	**9 887**	**9 809**	**1 402**	**6 383**	**1 392**	**610**	**138**	**107**	**1 779**
2018	**7 991**	**8 257**	**1 243**	**5 058**	**939**	**500**	**162**	**103**	**1 691**
2019	**8 357**	**7 609**	**1 251**	**4 633**	**672**	**511**	**130**	**87**	**1 508**
北　京 BEIJING	57	59	8	41	0	2	0	0	10
天　津 TIANJIN	152	102	12	76	2	1	0	0	14
河　北 HEBEI	454	329	17	217	16	44	1	2	92
山　西 SHANXI	269	405	47	246	64	32	14	2	96
内蒙古 INNER MONGOLIA	163	174	22	89	23	11	12	0	51
辽　宁 LIAONING	112	101	14	62	8	5	0	13	12
吉　林 JILIN	45	38	5	26	11	3	0	0	7
黑龙江 HEILONGJIANG	41	36	7	25	8	5	1	0	3
上　海 SHANGHAI	288	285	30	194	4	12	4	5	52
江　苏 JIANGSU	582	548	79	325	25	25	6	1	137
浙　江 ZHEJIANG	1 361	1 078	304	590	24	40	9	13	162
安　徽 ANHUI	337	247	39	146	25	10	1	5	56
福　建 FUJIAN	315	235	57	131	45	7	27	1	19
江　西 JIANGXI	616	558	115	252	65	10	11	8	172
山　东 SHANDONG	662	666	75	505	63	99	7	5	74
河　南 HENAN	421	524	26	393	74	95	3	0	102
湖　北 HUBEI	241	179	27	114	10	14	4	2	32
湖　南 HUNAN	195	170	19	127	14	7	1	4	19
广　东 GUANGDONG	733	605	160	349	17	19	12	12	72
广　西 GUANGXI	85	58	13	34	13	1	0	1	10
海　南 HAINAN	33	8	4	2	0	0	1	0	1
重　庆 CHONGQING	81	75	17	40	3	2	0	2	16
四　川 SICHUAN	311	251	39	161	21	12	1	3	47
贵　州 GUIZHOU	67	73	13	39	9	4	1	3	17
云　南 YUNNAN	239	265	46	139	52	8	5	1	74
西　藏 TIBET	9	0	0	0	0	0	0	0	0
陕　西 SHAANXI	203	274	25	125	22	9	5	2	117
甘　肃 GANSU	60	37	7	23	12	3	1	0	6
青　海 QINGHAI	45	48	5	31	5	2	1	1	10
宁　夏 NINGXIA	70	66	6	42	10	2	1	0	17
新　疆 XINJIANG	110	115	13	89	27	27	1	1	11

各地区工业污染防治投资情况（二）
Treatment Investment for Industrial Pollution by Region（2）
（2019）

单位：个 （unit）

年份/地区	Year/Region	本年竣工项目总数 Number of Projects Completed	工业废水治理项目 Treatment of Waste Water	工业废气治理项目 Treatment of Waste Gas	脱硫治理项目 Treatment of Desulfurization	脱硝治理项目 Treatment of Denitration	工业固体废物治理项目 Treatment of Solid Wastes	噪声治理项目 Treatment of Noise Pollution	其他治理项目 Treatment of Other Pollution
	2016	**7 175**	**1 198**	**4 730**	**1 087**	**384**	**167**	**85**	**995**
	2017	**7 889**	**1 020**	**5 235**	**1 105**	**511**	**112**	**91**	**1 431**
	2018	**6 700**	**944**	**4 165**	**748**	**386**	**130**	**84**	**1 377**
	2019	**6 177**	**952**	**3 820**	**540**	**421**	**102**	**72**	**1 231**
北　京	BEIJING	55	8	38	0	2	0	0	9
天　津	TIANJIN	88	11	65	2	1	0	0	12
河　北	HEBEI	281	11	191	14	39	0	2	77
山　西	SHANXI	346	43	210	56	28	7	2	84
内蒙古	INNER MONGOLIA	122	18	60	17	6	8	0	36
辽　宁	LIAONING	74	8	47	7	3	0	13	6
吉　林	JILIN	29	3	21	8	2	0	0	5
黑龙江	HEILONG JIANG	29	7	18	5	4	1	0	3
上　海	SHANGHAI	224	22	156	4	6	4	4	38
江　苏	JIANGSU	451	60	268	22	21	4	1	118
浙　江	ZHEJIANG	850	241	458	15	34	6	8	137
安　徽	ANHUI	192	27	112	21	6	1	3	49
福　建	FUJIAN	184	32	111	45	7	26	1	14
江　西	JIANGXI	442	91	211	55	9	9	7	124
山　东	SHANDONG	568	58	436	59	82	6	4	64
河　南	HENAN	466	21	349	58	88	2	0	94
湖　北	HUBEI	134	20	88	8	12	3	1	22
湖　南	HUNAN	153	14	117	11	7	1	4	17
广　东	GUANGDONG	503	123	300	14	10	11	10	59
广　西	GUANGXI	40	11	23	7	1	0	1	5
海　南	HAINAN	5	3	1	0	0	0	0	1
重　庆	CHONGQING	58	15	29	1	0	0	1	13
四　川	SICHUAN	189	25	127	17	8	1	2	34
贵　州	GUIZHOU	61	9	33	6	4	1	3	15
云　南	YUNNAN	192	33	100	31	6	3	1	55
西　藏	TIBET	0	0	0	0	0	0	0	0
陕　西	SHAANXI	232	16	107	14	7	5	2	102
甘　肃	GANSU	27	5	15	9	1	1	0	6
青　海	QINGHAI	40	4	26	4	2	0	1	9
宁　夏	NINGXIA	52	3	34	9	2	1	0	14
新　疆	XINJIANG	90	10	69	21	23	1	1	9

各地区工业污染防治投资情况（三）

Treatment Investment for Industrial Pollution by Region（3）

（2019）

单位：万元 （10 000 yuan）

年份/地区 Year/Region	施工项目本年完成投资 Investment Completed in the Treatment of Industrial Pollution This Year	工业废水治理项目 Treatment of Waste Water	工业废气治理项目 Treatment of Waste Gas	脱硫治理项目 Treatment of Desulfurization	脱硝治理项目 Treatment of Denitration	工业固体废物治理项目 Treatment of Solid Wastes	噪声治理项目 Treatment of Noise Pollution	其他治理项目 Treatment of Other Pollution
2016	**8 190 040.5**	**1 082 394.9**	**5 614 702.3**	**1 750 554.8**	**550 494.2**	**389 352.9**	**6 236.0**	**1 097 354.3**
2017	**6 815 345.5**	**763 760.1**	**4 462 627.9**	**1 595 536.9**	**486 222.0**	**127 419.4**	**12 862.4**	**1 448 675.7**
2018	**6 212 735.6**	**640 082.4**	**3 931 104.2**	**1 038 503.5**	**782 762.5**	**184 249.5**	**15 181.1**	**1 442 118.6**
2019	**6 151 513.4**	**699 004.3**	**3 676 995.4**	**1 104 579.0**	**560 488.9**	**170 729.0**	**14 168.5**	**1 590 616.2**
北　京 BEIJING	7 307.8	1 666.1	4 828.6	0.0	900.8	0.0	0.0	813.1
天　津 TIANJIN	125 944.0	1 568.7	55 279.8	513.0	68.0	0.0	0.0	69 095.5
河　北 HEBEI	373 870.9	10 083.7	271 946.4	18 720.0	106 101.9	176.0	16.4	91 648.5
山　西 SHANXI	426 034.3	60 466.4	254 245.5	88 549.9	44 390.1	18 433.4	260.0	92 629.0
内蒙古 INNER MONGOLIA	254 401.0	58 517.9	102 053.6	48 260.9	10 340.5	8 822.6	0.0	85 006.9
辽　宁 LIAONING	121 547.2	9 621.6	92 215.1	8 423.7	6 602.3	0.0	1 562.9	18 147.6
吉　林 JILIN	67 770.9	5 495.3	23 872.1	21 883.0	823.5	0.0	0.0	38 403.5
黑龙江 HEILONGJIANG	31 850.0	5 390.3	26 013.7	16 905.4	4 102.0	150.0	0.0	296.0
上　海 SHANGHAI	299 377.4	8 479.0	171 586.3	27 827.7	682.4	186.9	1 108.7	118 016.5
江　苏 JIANGSU	599 922.6	57 351.6	302 879.7	74 014.0	34 695.7	29 368.0	15.0	210 308.4
浙　江 ZHEJIANG	340 649.7	93 228.6	140 369.5	17 068.3	6 370.0	4 648.0	1 044.0	101 359.5
安　徽 ANHUI	270 492.5	20 408.4	177 773.1	101 219.3	4 593.7	250.0	509.4	71 551.6
福　建 FUJIAN	127 645.3	17 961.6	23 446.3	9 165.3	3 638.4	61 220.1	895.0	24 122.3
江　西 JIANGXI	201 242.6	50 432.0	89 701.3	28 467.8	9 496.0	4 443.6	1 443.0	55 222.8
山　东 SHANDONG	954 347.8	69 038.4	755 314.7	286 420.6	184 418.6	3 818.5	2 777.0	123 399.2
河　南 HENAN	424 762.5	27 279.2	292 105.7	85 947.0	44 943.8	1 140.8	0.0	104 236.7
湖　北 HUBEI	133 860.6	31 287.1	77 832.0	4 633.8	12 806.1	273.0	217.0	24 251.5
湖　南 HUNAN	54 787.8	6 618.1	37 889.9	10 700.0	3 525.0	1.3	1 047.3	9 231.2
广　东 GUANGDONG	317 015.6	67 498.0	178 936.4	26 254.9	25 103.0	33 414.3	564.2	36 602.7
广　西 GUANGXI	48 620.2	14 708.0	17 298.8	4 750.0	5 148.0	0.0	175.0	16 438.4
海　南 HAINAN	6 257.9	363.9	5 885.0	0.0	0.0	5.0	0.0	4.0
重　庆 CHONGQING	37 461.2	4 071.1	18 644.7	6 680.0	451.3	0.0	1 250.0	13 495.4
四　川 SICHUAN	123 260.3	23 123.3	86 608.2	16 603.8	3 288.0	113.0	69.6	13 346.2
贵　州 GUIZHOU	89 572.2	7 158.1	54 588.6	27 208.0	7 872.5	220.0	833.8	26 771.7
云　南 YUNNAN	119 331.0	10 568.2	83 583.7	39 240.1	4 763.0	1 631.6	70.0	23 477.5
西　藏 TIBET	0.0	0.0	0.0	0.0	0.0	0.0	0.0	0.0
陕　西 SHAANXI	294 609.8	10 699.6	114 532.8	44 037.3	12 625.9	975.3	252.0	168 150.0
甘　肃 GANSU	48 765.4	11 934.4	29 375.2	14 781.3	8 203.8	280.0	0.0	7 175.7
青　海 QINGHAI	38 902.5	3 813.0	15 544.3	9 156.9	1 363.5	842.0	48.0	18 655.2
宁　夏 NINGXIA	62 334.9	5 798.0	31 774.9	11 409.1	1 153.0	230.0	0.0	24 532.0
新　疆 XINJIANG	149 567.4	4 374.6	140 869.4	55 737.9	12018.2	85.6	10.3	4 227.5

各地区工业污染防治投资情况（四）
Treatment Investment for Industrial Pollution by Region（4）
（2019）

年份/ 地区	Year/ Region	本年竣工项目新增设计处理能力 Capacity for Treatment of Industrial Pollution New-added 治理废水/（万吨/日） Treatment of Waste Water（10 000 tons/day）	治理废气（标态）/（万米³/时） Treatment of Waste Gas（10 000 cu.m/hour）	治理固体废物/（万吨/日） Treatment of Solid Wastes（10 000 tons/day）
	2016	**240.7**	**85 778.2**	**26.2**
	2017	**205.8**	**89 306.9**	**5.1**
	2018	**185.1**	**61 197.8**	**3.3**
	2019	**188.3**	**49 799.8**	**55.0**
北　京	BEIJING	0.1	145.8	…
天　津	TIANJIN	0.2	937.5	0.0
河　北	HEBEI	9.3	4 112.2	0.1
山　西	SHANXI	17.0	2 648.9	0.4
内蒙古	INNER MONGOLIA	12.0	881.4	0.7
辽　宁	LIAONING	1.4	1 676.4	0.0
吉　林	JILIN	0.3	404.0	0.0
黑龙江	HEILONGJIANG	8.9	306.9	…
上　海	SHANGHAI	0.2	862.1	0.1
江　苏	JIANGSU	9.4	3 800.2	1.0
浙　江	ZHEJIANG	25.2	1 750.3	1.1
安　徽	ANHUI	6.2	3 344.0	0.1
福　建	FUJIAN	5.4	1 826.5	0.3
江　西	JIANGXI	14.2	1 308.5	0.2
山　东	SHANDONG	9.5	6 906.1	0.2
河　南	HENAN	8.5	2 470.6	0.1
湖　北	HUBEI	2.7	763.7	0.1
湖　南	HUNAN	6.2	1 028.9	0.1
广　东	GUANGDONG	11.6	2 707.9	…
广　西	GUANGXI	4.5	156.3	…
海　南	HAINAN	0.1	5.0	…
重　庆	CHONGQING	8.0	1 219.0	0.0
四　川	SICHUAN	6.2	1 931.7	…
贵　州	GUIZHOU	4.0	928.5	…
云　南	YUNNAN	11.2	1 497.0	0.3
西　藏	TIBET	0.0	0.0	0.0
陕　西	SHAANXI	2.0	1 576.8	0.1
甘　肃	GANSU	1.0	749.0	…
青　海	QINGHAI	1.1	1 109.2	50.0
宁　夏	NINGXIA	1.5	1 437.4	…
新　疆	XINJIANG	0.6	1 307.7	0.0

各地区污水处理情况（一）
Urban Waste Water Treatment by Region（1）
（2019）

年份/地区	Year/ Region	污水处理厂数量/家 Number of Urban Waste Water Treatment Plants (unit)	污水处理厂设计处理能力/(万吨/日) Treatment Capacity (10 000 tons/day)	污水实际处理量/万吨 Quantity of Waste Water Treated (10 000 tons)	本年运行费用/万元 Annul Expenditure for Operation (10 000 yuan)	污水处理厂累计完成投资/万元 Total Investment of Urban Waste Water Treatment (10 000 yuan)	新增固定资产/万元 Newly-added Fixed Assets (10 000 yuan)
	2016	**7 103**	**20 780**	**5 858 211**	**5 399 205.2**	**54 914 072.6**	**3 774 755.2**
	2017	**7 536**	**22 011**	**6 271 983**	**6 444 629.1**	**61 193 859.1**	**3 710 390.2**
	2018	**8 200**	**23 537**	**6 798 241**	**7 395 963.1**	**68 616 383.3**	**4 056 059.6**
	2019	**9 322**	**25 450**	**7 426 829**	**8 794 063.0**	**79 279 534.2**	**5 143 441.4**
北　京	BEIJING	156	730	204 085	315 759.0	3 693 677.7	72 215.1
天　津	TIANJIN	113	421	122 723	204 989.2	1 619 777.2	112 297.4
河　北	HEBEI	362	1 221	307 504	476 337.4	3 602 673.2	223 635.3
山　西	SHANXI	239	468	128 110	181 500.1	1 636 067.3	133 181.8
内蒙古	INNER MONGOLIA	164	449	109 349	224 220.0	2 024 559.8	128 215.5
辽　宁	LIAONING	249	1 051	304 871	341 361.5	2 570 545.3	95 461.4
吉　林	JILIN	99	488	139 686	143 186.6	1 815 329.3	69 509.0
黑龙江	HEILONGJIANG	174	496	128 075	142 045.9	1 544 319.4	65 247.3
上　海	SHANGHAI	49	826	282 575	331 791.6	3 573 612.7	195 103.6
江　苏	JIANGSU	801	1 979	561 280	835 264.9	6 594 436.3	313 293.0
浙　江	ZHEJIANG	402	1 656	624 449	776 495.6	5 650 777.2	342 834.0
安　徽	ANHUI	317	1 010	274 104	227 422.7	2 558 726.6	188 537.9
福　建	FUJIAN	216	683	194 492	232 729.8	1 732 227.5	78 925.4
江　西	JIANGXI	301	535	147 454	159 030.5	1 360 455.5	115 542.9
山　东	SHANDONG	574	2 008	563 365	743 883.1	5 014 412.1	341 173.5
河　南	HENAN	349	1 516	433 694	392 029.3	4 270 423.3	139 485.3
湖　北	HUBEI	351	1 065	315 937	287 380.2	2 951 149.0	358 762.4
湖　南	HUNAN	252	940	295 031	228 129.7	2 899 205.2	305 857.4
广　东	GUANGDONG	674	3 126	936 138	869 117.2	7 650 819.6	642 789.2
广　西	GUANGXI	253	569	175 703	175 932.4	1 629 379.3	94 960.9
海　南	HAINAN	73	151	42 924	42 117.2	588 145.2	11 257.8
重　庆	CHONGQING	626	539	163 698	249 693.6	2 097 974.7	219 030.4
四　川	SICHUAN	1 355	1 031	299 542	383 751.0	3 351 811.6	388 942.1
贵　州	GUIZHOU	345	408	116 922	111 513.3	1 508 979.3	67 927.6
云　南	YUNNAN	185	419	136 186	123 803.6	1 333 462.9	31 560.2
西　藏	TIBET	13	29	9 126	13 213.8	130 524.9	5 643.1
陕　西	SHAANXI	213	630	185 424	220 152.1	2 026 416.3	70 366.0
甘　肃	GANSU	128	280	64 372	102 105.4	1 100 688.4	96 574.5
青　海	QINGHAI	53	82	21 334	26 485.6	314 379.9	1 952.0
宁　夏	NINGXIA	57	170	38 629	88 507.9	646 238.1	18 402.6
新　疆	XINJIANG	179	472	100 043	144 112.8	1 788 339.3	214 756.5

各地区污水处理情况（二）
Urban Waste Water Treatment by Region（2）
（2019）

单位：万吨 （10 000 tons）

年份/地区	Year/Region	污泥产生量 Quantity of Sludge Generated	污泥处置量 Quantity of Sludge Disposed	土地利用量 Landuse	填埋处置量 Landfill	建筑材料利用量 As Building Material	焚烧处置量 Incineration	污泥倾倒丢弃量 Quantity of Sludge Discharged
	2016	**1 789.22**	**1 785.16**	**337.94**	**697.32**	**267.31**	**482.59**	**4.07**
	2017	**1 507.36**	**1 505.86**	**357.60**	**473.14**	**259.73**	**415.39**	**1.49**
	2018	**1 376.68**	**1 376.36**	**346.35**	**382.99**	**246.06**	**400.96**	**0.32**
	2019	**1 457.60**	**1 457.47**	**374.34**	**373.77**	**232.22**	**477.13**	**0.13**
北　京	BEIJING	52.68	52.68	42.59	2.37	1.98	5.75	0.00
天　津	TIANJIN	27.22	27.22	12.44	1.99	2.80	9.99	0.00
河　北	HEBEI	83.39	83.39	20.44	30.81	5.30	26.84	0.00
山　西	SHANXI	32.93	32.91	5.06	12.05	4.87	10.93	0.02
内蒙古	INNER MONGOLIA	29.84	29.80	7.72	17.06	1.11	3.91	0.04
辽　宁	LIAONING	62.03	62.03	23.78	24.40	8.61	5.24	0.00
吉　林	JILIN	23.21	23.21	11.40	7.55	0.77	3.48	0.00
黑龙江	HEILONGJIANG	23.03	22.99	8.08	14.15	0.06	0.70	0.04
上　海	SHANGHAI	41.30	41.30	1.71	28.42	0.08	11.09	0.00
江　苏	JIANGSU	132.44	132.44	13.67	13.86	19.16	85.75	0.00
浙　江	ZHEJIANG	172.07	172.07	7.34	8.32	24.22	132.18	0.00
安　徽	ANHUI	38.08	38.08	11.20	10.32	4.17	12.38	0.00
福　建	FUJIAN	37.65	37.65	12.72	4.00	9.05	11.89	0.00
江　西	JIANGXI	15.18	15.18	2.65	8.34	2.07	2.12	0.00
山　东	SHANDONG	122.05	122.05	42.03	15.41	19.92	44.68	0.00
河　南	HENAN	70.12	70.12	30.31	24.99	7.19	7.63	0.00
湖　北	HUBEI	35.49	35.49	8.28	10.00	11.71	5.49	0.00
湖　南	HUNAN	42.54	42.54	3.54	22.53	9.11	7.36	0.00
广　东	GUANGDONG	146.65	146.65	26.81	5.38	60.85	53.61	0.01
广　西	GUANGXI	32.58	32.58	17.81	3.12	2.33	9.33	…
海　南	HAINAN	7.89	7.86	4.15	1.42	0.15	2.14	0.03
重　庆	CHONGQING	25.09	25.09	2.21	5.08	13.38	4.43	0.00
四　川	SICHUAN	46.34	46.34	24.56	9.88	3.92	7.97	0.00
贵　州	GUIZHOU	20.28	20.28	1.27	4.68	11.58	2.75	0.00
云　南	YUNNAN	16.81	16.81	4.48	10.17	1.45	0.72	…
西　藏	TIBET	0.40	0.40	0.03	0.37	0.00	0.00	0.00
陕　西	SHAANXI	47.23	47.23	13.73	21.22	5.36	6.91	0.00
甘　肃	GANSU	21.10	21.10	2.11	18.20	…	0.78	0.00
青　海	QINGHAI	3.83	3.83	0.00	3.60	0.23	…	0.00
宁　夏	NINGXIA	21.73	21.73	7.61	13.40	0.00	0.72	0.00
新　疆	XINJIANG	26.45	26.45	4.63	20.67	0.79	0.35	0.00

各地区污水处理情况（三）
Urban Waste Water Treatment by Region（3）
（2019）

单位：吨 （ton）

年份/地区	Year/Region	污染物去除量 Quantity of Pollutants Removed by Urban Waste Water Treatment					
		化学需氧量 COD	氨氮 Ammonia Nitrogen	总氮 Total Nitrogen	总磷 Total Phosphorus	挥发酚 Volatile Phenols	氰化物 Cyanide
	2016	**13 812 942.4**	**1 311 934.0**	**1 447 269.8**	**169 070.2**	**978.9**	**2 830.8**
	2017	**15 400 133.7**	**1 439 775.0**	**1 569 371.2**	**195 444.6**	**1 699.4**	**7 785.1**
	2018	**16 562 091.4**	**1 565 448.3**	**1 730 897.1**	**226 403.6**	**1 958.5**	**4 428.2**
	2019	**21 294 936.2**	**1 831 219.9**	**2 358 847.1**	**258 519.4**	**2 075.2**	**4 635.1**
北京	BEIJING	741 595.6	72 367.5	87 078.5	11 372.4	367.5	9.5
天津	TIANJIN	401 103.6	39 833.2	46 280.0	6 452.7	5.3	1.4
河北	HEBEI	872 614.4	101 250.8	120 263.4	12 356.7	156.5	0.1
山西	SHANXI	393 640.4	43 699.9	52 631.6	5 866.4	113.3	70.8
内蒙古	INNER MONGOLIA	447 491.9	42 436.1	56 832.5	5 796.1	18.8	12.1
辽宁	LIAONING	672 252.6	65 747.6	73 209.1	10 332.5	113.1	0.5
吉林	JILIN	357 557.2	31 011.2	30 909.5	4 794.6	42.1	3.4
黑龙江	HEILONGJIANG	352 694.7	37 360.0	38 982.1	5 368.0	6.0	9.8
上海	SHANGHAI	705 524.4	58 877.7	61 164.9	8 513.0	456.1	4.8
江苏	JIANGSU	1 420 500.4	127 163.6	134 681.1	17 356.6	21.8	41.9
浙江	ZHEJIANG	4 914 985.8	223 621.6	571 877.9	16 726.9	40.3	2 754.3
安徽	ANHUI	448 515.7	57 683.7	60 532.8	7 237.2	6.5	94.9
福建	FUJIAN	415 248.8	39 073.2	42 355.5	5 639.5	13.3	429.9
江西	JIANGXI	212 381.3	20 207.4	20 370.2	9 883.6	0.6	11.0
山东	SHANDONG	1 832 305.9	172 565.9	203 801.5	26 333.9	84.2	273.8
河南	HENAN	1 033 244.1	123 905.0	134 154.1	15 031.8	27.5	8.0
湖北	HUBEI	512 737.5	51 823.5	50 798.1	6 599.4	62.8	0.5
湖南	HUNAN	474 259.9	39 380.4	42 843.0	6 311.0	29.6	37.1
广东	GUANGDONG	1 787 717.7	158 529.4	164 858.4	30 093.1	16.0	839.9
广西	GUANGXI	217 801.3	28 224.4	27 177.1	3 899.8	0.2	0.0
海南	HAINAN	70 782.7	7 411.0	7 871.9	1 249.9	102.9	0.3
重庆	CHONGQING	387 707.8	37 120.9	42 207.2	6 484.1	…	2.6
四川	SICHUAN	615 718.1	67 418.7	68 193.0	8 629.3	19.2	5.2
贵州	GUIZHOU	185 500.9	18 674.1	19 946.9	1 614.1	0.7	15.6
云南	YUNNAN	329 621.7	32 834.1	38 360.2	5 435.6	2.7	0.0
西藏	TIBET	5 633.7	560.6	433.3	58.4	0.0	…
陕西	SHAANXI	688 122.1	60 772.6	69 313.7	9 629.4	0.0	0.1
甘肃	GANSU	274 336.0	25 019.4	34 935.5	3 116.6	283.2	1.0
青海	QINGHAI	53 026.9	5 249.3	6 022.2	497.4	…	0.0
宁夏	NINGXIA	122 474.0	11 862.8	14 009.2	2 083.3	10.0	5.4
新疆	XINJIANG	347 838.9	29 534.5	36 752.8	3 756.2	74.9	1.1

各地区生活垃圾处理情况（一）
Centralized Treatment of Garbage by Region（1）
（2019）

年份/地区	Year/Region	生活垃圾处理厂数量/家 Number of Garbage Treatment Plants(unit)	本年运行费用/万元 Annul Expenditure for Operation (10 000 yuan)	生活垃圾处理厂累计完成投资/万元 Total Investment of Garbage Treatment Plants (10 000 yuan)	新增固定资产/万元 Newly-added Fixed Assets (10 000 yuan)
	2016	**2 327**	**835 917.1**	**18 297 665.8**	**931 706.5**
	2017	**2 323**	**961 074.7**	**21 401 362.0**	**1 542 589.7**
	2018	**2 381**	**1 084 593.8**	**25 379 945.3**	**1 194 827.0**
	2019	**2 438**	**1 296 588.2**	**30 413 224.8**	**1 650 951.7**
北　京	BEIJING	30	74 244.9	1 730 529.2	107 498.9
天　津	TIANJIN	10	23 430.7	224 207.6	7 994.1
河　北	HEBEI	120	46 859.2	758 162.0	68 787.0
山　西	SHANXI	94	28 663.5	452 313.1	14 784.6
内蒙古	INNER MONGOLIA	117	28 904.7	490 073.9	11 666.9
辽　宁	LIAONING	60	35 505.8	391 946.5	8 826.2
吉　林	JILIN	48	23 751.8	540 961.0	15 857.8
黑龙江	HEILONGJIANG	70	22 954.0	530 092.4	25 530.7
上　海	SHANGHAI	16	23 435.6	814 824.3	4 563.0
江　苏	JIANGSU	67	54 870.4	2 384 195.4	123 005.7
浙　江	ZHEJIANG	115	78 327.6	3 146 802.5	447 784.2
安　徽	ANHUI	69	34 782.8	1 143 895.3	74 668.6
福　建	FUJIAN	69	30 139.3	1 018 250.0	35 790.1
江　西	JIANGXI	74	27 415.3	541 544.5	74 419.9
山　东	SHANDONG	102	45 142.0	2 355 478.4	68 600.5
河　南	HENAN	127	40 733.4	960 762.6	189 108.3
湖　北	HUBEI	113	49 503.1	1 163 021.7	34 901.9
湖　南	HUNAN	104	93 421.8	1 468 873.5	56 289.8
广　东	GUANGDONG	133	255 362.3	4 297 389.0	76 999.0
广　西	GUANGXI	87	36 764.9	753 154.1	17 443.6
海　南	HAINAN	20	15 391.1	283 047.9	4 655.3
重　庆	CHONGQING	41	21 769.6	691 564.9	3 163.1
四　川	SICHUAN	126	64 475.8	1 488 607.0	86 286.3
贵　州	GUIZHOU	71	31 811.3	454 598.8	8 885.4
云　南	YUNNAN	124	29 820.2	700 033.4	33 081.8
西　藏	TIBET	72	5 835.4	245 462.3	6 907.6
陕　西	SHAANXI	87	24 863.5	375 476.5	9 669.7
甘　肃	GANSU	89	12 451.5	275 954.2	4 056.1
青　海	QINGHAI	58	3 425.1	79 255.9	2 407.9
宁　夏	NINGXIA	21	4 048.3	135 666.1	6 258.9
新　疆	XINJIANG	104	28 483.1	517 080.6	21 058.8

各地区生活垃圾处理情况（二）
Centralized Treatment of Garbage by Region（2）
（2019）

单位：万吨　　　　（10 000 tons）

年份/地区	Year/Region	填埋量 Landfill	堆肥量 Compost	焚烧量 Incineration	其他方式处理量 Other
	2016	**18 349.0**	**288.1**	**7 718.3**	**323.2**
	2017	**21 249.5**	**203.6**	**8 855.6**	**1 579.3**
	2018	**19 630.9**	**161.4**	**10 574.1**	**899.9**
	2019	**19 593.9**	**134.7**	**12 892.9**	**1 210.4**
北　京	BEIJING	403.4	101.5	507.8	21.6
天　津	TIANJIN	130.2	0.0	150.0	8.7
河　北	HEBEI	1 109.7	4.3	307.0	56.4
山　西	SHANXI	697.9	3.1	106.5	26.1
内蒙古	INNER MONGOLIA	607.5	0.0	47.7	60.1
辽　宁	LIAONING	1 066.9	0.0	88.0	5.5
吉　林	JILIN	366.4	0.0	237.9	29.4
黑龙江	HEILONGJIANG	444.0	0.0	72.6	35.8
上　海	SHANGHAI	405.9	8.8	417.2	0.0
江　苏	JIANGSU	446.2	0.0	1 475.3	83.9
浙　江	ZHEJIANG	649.3	0.0	1 786.3	50.0
安　徽	ANHUI	484.0	0.7	527.1	12.8
福　建	FUJIAN	556.7	1.7	756.5	45.2
江　西	JIANGXI	798.4	0.0	157.7	13.0
山　东	SHANDONG	656.1	0.0	1 316.7	23.7
河　南	HENAN	1 862.7	9.1	255.6	77.7
湖　北	HUBEI	668.8	0.0	429.3	111.2
湖　南	HUNAN	888.0	0.0	438.9	57.5
广　东	GUANGDONG	2 136.5	0.0	1 953.7	51.9
广　西	GUANGXI	507.7	0.8	238.1	9.6
海　南	HAINAN	240.5	0.0	131.8	0.0
重　庆	CHONGQING	399.9	0.0	367.6	197.8
四　川	SICHUAN	934.2	0.8	574.2	55.3
贵　州	GUIZHOU	488.6	0.0	133.8	10.7
云　南	YUNNAN	444.3	4.0	248.1	31.7
西　藏	TIBET	85.1	0.0	24.0	1.8
陕　西	SHAANXI	832.9	0.0	0.0	8.6
甘　肃	GANSU	383.9	0.0	79.2	11.7
青　海	QINGHAI	166.6	0.0	0.2	19.9
宁　夏	NINGXIA	102.4	0.0	54.8	18.2
新　疆	XINJIANG	629.4	0.0	9.3	74.6

各地区危险废物（医疗废物）集中处置情况（一）
Centralized Treatment of Hazardous Wastes（Medical Wastes）by Region（1）
（2019）

年份/地区	Year/Region	危险废物集中处置厂数量/个 Number of Centralized Hazardous Wastes Treatment Plants（unit）	医疗废物集中处置厂数量/个 Number of Centralized Medical Wastes Treatment Plants（unit）	本年运行费用/万元 Annul Expenditure for Operation（10 000 yuan）	危险废物（医疗废物）集中处置厂累计完成投资/万元 Total Investment of Hazardous/ Medical Wastes Treatment Plants（10 000 yuan）	新增固定资产/万元 Newly-added Fixed Assets（10 000 yuan）
	2016	**938**	**260**	**1 185 923.3**	**5 867 799.7**	**485 032.5**
	2017	**1 203**	**302**	**2 231 390.1**	**9 242 656.4**	**695 144.9**
	2018	**1 229**	**310**	**2 447 740.0**	**9 198 260.8**	**771 827.7**
	2019	**1 325**	**338**	**5 944 468.6**	**11 692 840.1**	**1 245 383.2**
北　京	BEIJING	12	1	65 987.8	128 148.7	7 067.2
天　津	TIANJIN	24	1	57 598.9	263 087.7	5 035.3
河　北	HEBEI	31	17	59 529.6	303 856.4	24 487.0
山　西	SHANXI	15	12	31 465.6	115 915.3	7 635.0
内蒙古	INNER MONGOLIA	14	11	26 418.5	105 954.0	4 593.2
辽　宁	LIAONING	33	11	77 262.0	217 000.9	22 577.9
吉　林	JILIN	47	8	39 330.1	149 304.6	7 150.0
黑龙江	HEILONGJIANG	20	15	18 489.5	89 294.4	8 587.2
上　海	SHANGHAI	28	0	157 187.0	495 610.4	34 371.1
江　苏	JIANGSU	281	4	518 782.8	1 940 675.0	250 659.7
浙　江	ZHEJIANG	151	7	250 425.7	904 675.9	112 055.2
安　徽	ANHUI	31	10	60 079.0	306 202.5	31 583.3
福　建	FUJIAN	45	6	62 092.5	429 735.7	73 319.8
江　西	JIANGXI	61	9	154 685.5	788 556.0	92 128.1
山　东	SHANDONG	108	13	284 101.8	1 000 291.7	133 393.4
河　南	HENAN	24	25	54 862.2	249 641.3	9 543.2
湖　北	HUBEI	47	12	89 160.2	815 936.7	27 131.9
湖　南	HUNAN	15	10	33 201.7	107 107.3	3 323.3
广　东	GUANGDONG	99	21	427 893.5	826 712.3	106 359.0
广　西	GUANGXI	25	11	32 150.7	204 373.8	25 190.8
海　南	HAINAN	4	2	6 276.3	27 763.2	118.0
重　庆	CHONGQING	24	11	55 934.9	237 449.3	36 338.9
四　川	SICHUAN	37	28	110 649.5	399 920.9	16 779.2
贵　州	GUIZHOU	17	24	2 945 580.9	102 846.0	7 043.4
云　南	YUNNAN	4	16	23 140.4	133 103.0	6 343.6
西　藏	TIBET	1	6	3 130.8	13 901.2	227.1
陕　西	SHAANXI	38	9	102 776.1	553 186.3	22 832.7
甘　肃	GANSU	17	17	26 388.7	138 460.2	18 600.1
青　海	QINGHAI	17	6	25 584.3	127 830.8	8 170.8
宁　夏	NINGXIA	13	3	17 613.6	50 004.9	19 309.4
新　疆	XINJIANG	42	12	126 688.6	466 293.9	123 428.3

各地区危险废物（医疗废物）集中处置情况（二）

Centralized Treatment of Hazardous Wastes（Medical Wastes）by Region（2）

（2019）

单位：吨 （ton）

年份/地区	Year/Region	危险废物实际处置量 Volume of Hazardous Wastes Disposed	工业危险废物处置量 Industrial Hazardous Wastes	医疗废物处置量 Medical Hazardous Wastes	其他危险废物处置量 Other Hazardous Wastes	危险废物综合利用量 Volume of Hazardous Wastes Utilized
	2016	**9 043 527**	**7 572 446**	**842 606**	**628 475**	**8 942 534**
	2017	**9 125 579**	**7 732 580**	**953 009**	**439 989**	**13 907 946**
	2018	**11 008 682**	**9 231 796**	**1 036 704**	**740 182**	**14 261 914**
	2019	**14 974 039**	**12 937 446**	**1 165 876**	**870 718**	**18 466 062**
北　京	BEIJING	198 968	100 160	20 653	78 156	30 777
天　津	TIANJIN	168 262	153 244	15 018	0	603 339
河　北	HEBEI	265 462	217 891	43 827	3 744	57 040
山　西	SHANXI	116 628	93 748	22 881	…	125 273
内蒙古	INNER MONGOLIA	125 612	105 836	16 280	3 496	38 477
辽　宁	LIAONING	428 934	365 024	35 702	28 207	348 647
吉　林	JILIN	355 799	328 789	17 255	9 755	400 987
黑龙江	HEILONGJIANG	73 858	40 139	29 103	4 616	70 592
上　海	SHANGHAI	493 610	297 136	54 265	142 209	114 433
江　苏	JIANGSU	2 167 510	2 042 657	69 211	55 642	3 453 638
浙　江	ZHEJIANG	1 605 098	1 507 115	90 140	7 844	2 327 814
安　徽	ANHUI	280 517	239 961	37 508	3 047	228 424
福　建	FUJIAN	303 949	255 441	31 371	17 137	268 784
江　西	JIANGXI	252 802	215 225	23 334	14 242	1 106 665
山　东	SHANDONG	1 200 750	1 092 260	85 662	22 828	2 336 622
河　南	HENAN	404 947	321 560	67 664	15 723	318 028
湖　北	HUBEI	277 993	204 770	73 219	4	423 980
湖　南	HUNAN	98 900	58 172	40 519	210	35 758
广　东	GUANGDONG	963 590	753 454	118 447	91 690	1 615 439
广　西	GUANGXI	163 765	97 409	37 078	29 278	146 215
海　南	HAINAN	22 456	16 801	5 656	0	273
重　庆	CHONGQING	238 414	167 385	23 106	47 922	290 569
四　川	SICHUAN	230 188	166 775	61 557	1 856	450 737
贵　州	GUIZHOU	74 541	39 467	30 558	4 516	54 924
云　南	YUNNAN	74 671	34 391	38 849	1 431	5
西　藏	TIBET	3 272	0	2 267	1 006	0
陕　西	SHAANXI	263 354	189 350	31 834	42 170	1 001 339
甘　肃	GANSU	177 035	159 528	15 005	2 501	92 469
青　海	QINGHAI	78 591	71 769	5 986	836	125 408
宁　夏	NINGXIA	56 136	51 197	4 939	0	126 543
新　疆	XINJIANG	3 808 430	3 550 793	16 984	240 653	2 272 864

10

各工业行业污染排放及治理统计

各工业行业工业废水排放及处理情况（一）
（2019）

单位：吨

行业名称	工业废水中污染物排放量			
	化学需氧量	氨氮	总氮	总磷
行业汇总	**771 610.7**	**34 911.2**	**134 262.0**	**7 676.5**
农、林、牧、渔专业及辅助性活动	1 475.5	71.8	137.4	38.3
煤炭开采和洗选业	13 759.5	40.9	67.1	…
石油和天然气开采业	1 356.2	63.3	128.6	…
黑色金属矿采选业	1 159.4	47.4	124.2	1.0
有色金属矿采选业	8 074.9	355.9	1 279.5	8.4
非金属矿采选业	1 607.3	224.0	286.9	48.0
开采专业及辅助性活动	47.2	5.5	4.9	0.0
其他采矿业	…	…	…	0.0
农副食品加工业	158 648.0	6 513.3	21 321.1	2 422.5
食品制造业	55 257.9	2 949.5	10 199.7	712.5
酒、饮料和精制茶制造业	51 422.8	1 914.6	7 261.4	596.3
烟草制品业	1 035.1	34.3	124.3	0.4
纺织业	93 546.9	2 687.6	14 331.1	404.6
纺织服装、服饰业	2 963.7	80.5	497.4	63.2
皮革、毛皮、羽毛及其制品和制鞋业	8 091.7	645.4	2 317.6	59.8
木材加工和木、竹、藤、棕、草制品业	1 458.8	4.7	30.5	0.3
家具制造业	345.3	1.6	31.2	17.4
造纸和纸制品业	94 636.3	1 668.2	5 064.7	171.0
印刷和记录媒介复制业	691.5	46.6	92.5	0.9
文教、工美、体育和娱乐用品制造业	1 175.2	22.6	98.5	9.9
石油、煤炭及其他燃料加工业	17 097.1	1 099.9	6 897.1	81.2
化学原料和化学制品制造业	92 970.9	7 627.5	30 705.4	779.9
医药制造业	29 712.1	1 621.1	7 380.8	635.0
化学纤维制造业	19 392.2	1 192.0	1 276.4	35.9
橡胶和塑料制品业	4 049.8	227.9	919.5	42.5
非金属矿物制品业	6 733.1	69.8	306.9	6.0
黑色金属冶炼和压延加工业	7 066.9	575.1	1 426.6	35.5
有色金属冶炼和压延加工业	12 900.5	1 260.7	1 715.7	69.1
金属制品业	10 334.0	452.9	1 711.9	247.4
通用设备制造业	3 133.6	99.2	585.1	90.4
专用设备制造业	2 144.2	35.4	271.1	28.8
汽车制造业	7 345.0	90.2	870.8	388.9
铁路、船舶、航空航天和其他运输设备制造业	2 675.8	30.1	203.0	86.2
电气机械和器材制造业	9 565.4	589.2	1 509.0	89.5
计算机、通信和其他电子设备制造业	16 193.5	1 125.6	8 053.3	210.4
仪器仪表制造业	456.3	41.7	79.2	2.9
其他制造业	395.5	12.5	58.0	3.1
废弃资源综合利用业	2 573.7	87.4	196.3	11.1
金属制品、机械和设备修理业	158.4	3.2	31.5	1.0
电力、热力生产和供应业	16 506.0	1 041.0	1 862.2	36.6
燃气生产和供应业	577.6	57.6	27.0	3.5
水的生产和供应业	12 876.2	193.8	4 776.6	237.2

各工业行业工业废水排放及处理情况（二）
（2019）

行业名称	工业废水中污染物排放量			
	石油类/吨	挥发酚/千克	氰化物/千克	重金属/千克
行业汇总	**6 293.0**	**147 074.1**	**38 235.8**	**117 649.8**
农、林、牧、渔专业及辅助性活动	1.6	0.0	0.0	0.0
煤炭开采和洗选业	261.3	27.9	0.0	8 950.5
石油和天然气开采业	34.9	1 683.0	…	29.1
黑色金属矿采选业	31.0	0.0	0.0	68.4
有色金属矿采选业	8.1	0.0	500.8	22 190.6
非金属矿采选业	10.1	…	0.0	27.8
开采专业及辅助性活动	…	0.0	0.0	8.1
其他采矿业	0.0	0.0	0.0	116.5
农副食品加工业	65.9	0.4	29.3	4.3
食品制造业	72.5	…	…	0.3
酒、饮料和精制茶制造业	0.2	6.4	0.1	0.7
烟草制品业	…	0.0	0.0	0.0
纺织业	1.9	0.0	0.0	178.7
纺织服装、服饰业	…	0.0	0.0	0.0
皮革、毛皮、羽毛及其制品和制鞋业	0.8	0.0	0.0	18 119.9
木材加工和木、竹、藤、棕、草制品业	…	0.0	…	0.0
家具制造业	11.8	0.7	0.0	9.0
造纸和纸制品业	53.6	9 777.1	0.0	…
印刷和记录媒介复制业	40.5	0.0	0.0	1.7
文教、工美、体育和娱乐用品制造业	22.3	5.2	1.5	18.4
石油、煤炭及其他燃料加工业	644.4	100 066.5	13 151.8	964.6
化学原料和化学制品制造业	568.7	20 793.3	9 861.1	7 846.9
医药制造业	1.7	447.7	46.0	57.2
化学纤维制造业	29.8	111.2	0.0	38.9
橡胶和塑料制品业	61.5	…	0.0	46.4
非金属矿物制品业	54.1	832.9	159.9	0.8
黑色金属冶炼和压延加工业	204.2	11 890.2	6 222.1	4 424.6
有色金属冶炼和压延加工业	474.0	890.5	472.0	21 122.2
金属制品业	1 036.3	17.2	5 382.0	18 781.3
通用设备制造业	567.8	5.7	1.1	1 590.2
专用设备制造业	170.6	129.7	5.7	117.0
汽车制造业	1 171.8	22.0	4.6	737.3
铁路、船舶、航空航天和其他运输设备制造业	143.7	0.0	56.6	422.8
电气机械和器材制造业	144.8	1.2	24.9	3 288.4
计算机、通信和其他电子设备制造业	227.2	64.5	2 314.3	8 155.5
仪器仪表制造业	5.1	0.0	…	4.0
其他制造业	6.3	0.0	0.0	6.1
废弃资源综合利用业	131.1	0.0	0.0	234.5
金属制品、机械和设备修理业	7.9	0.0	1.8	4.0
电力、热力生产和供应业	19.6	300.3	0.0	5.2
燃气生产和供应业	5.1	0.2	0.3	0.0
水的生产和供应业	0.9	0.0	0.0	77.6

各工业行业工业废气排放及处理情况

（2019）

单位：吨

行业名称	二氧化硫排放量	氮氧化物排放量	颗粒物排放量
行业汇总	**3 953 669.5**	**5 480 735.1**	**9 259 286.9**
农、林、牧、渔专业及辅助性活动	15 048.0	9 411.2	10 478.8
煤炭开采和洗选业	13 098.1	24 948.3	1 227 053.5
石油和天然气开采业	25 372.5	16 078.1	5 564.9
黑色金属矿采选业	4 679.5	9 745.6	139 967.8
有色金属矿采选业	1 594.5	3 128.9	195 750.6
非金属矿采选业	11 080.1	25 329.4	232 608.5
开采专业及辅助性活动	144.4	808.4	4 758.0
其他采矿业	…	9.1	49.4
农副食品加工业	47 382.0	48 670.5	91 402.3
食品制造业	30 802.5	28 831.7	30 183.8
酒、饮料和精制茶制造业	13 830.5	16 737.6	17 473.4
烟草制品业	2 853.0	1 226.1	10 308.7
纺织业	18 069.0	26 315.3	21 436.4
纺织服装、服饰业	839.1	1 511.4	2 252.0
皮革、毛皮、羽毛及其制品和制鞋业	3 103.3	3 439.1	47 483.1
木材加工和木、竹、藤、棕、草制品业	30 984.0	21 029.4	190 049.3
家具制造业	2 084.8	4 089.1	80 859.7
造纸和纸制品业	34 536.5	51 573.2	36 529.1
印刷和记录媒介复制业	509.8	1 698.0	1 408.1
文教、工美、体育和娱乐用品制造业	910.5	627.2	15 497.5
石油、煤炭及其他燃料加工业	144 084.9	367 735.9	355 312.6
化学原料和化学制品制造业	300 684.3	284 348.2	596 812.2
医药制造业	10 414.8	14 085.2	10 088.0
化学纤维制造业	12 577.2	14 422.7	6 607.8
橡胶和塑料制品业	16 149.0	17 516.1	101 009.0
非金属矿物制品业	1 037 197.7	1 668 652.3	3 238 609.4
黑色金属冶炼和压延加工业	641 515.4	1 152 171.2	999 814.8
有色金属冶炼和压延加工业	531 236.7	241 478.2	310 876.1
金属制品业	18 735.6	43 211.1	316 798.7
通用设备制造业	3 278.9	15 063.9	139 520.5
专用设备制造业	2 780.2	5 423.7	70 278.1
汽车制造业	5 065.7	19 525.6	79 982.9
铁路、船舶、航空航天和其他运输设备制造业	870.3	8 317.0	20 285.3
电气机械和器材制造业	20 030.0	29 040.3	22 409.6
计算机、通信和其他电子设备制造业	3 396.2	6 172.8	12 897.5
仪器仪表制造业	7.7	43.6	2 290.9
其他制造业	185.7	328.1	2 322.6
废弃资源综合利用业	6 460.3	8 630.0	33 982.0
金属制品、机械和设备修理业	58.1	376.5	4 879.3
电力、热力生产和供应业	941 383.2	1 287 247.8	565 235.1
燃气生产和供应业	470.3	1 695.6	7 008.1
水的生产和供应业	165.4	41.9	1 151.4

各工业行业一般工业固体废物产生及利用处置情况
（2019）

单位：万吨

行业名称	一般工业固体废物产生量	一般工业固体废物综合利用量	一般工业固体废物处置量
行业汇总	**440 809.7**	**232 078.8**	**110 358.7**
农、林、牧、渔专业及辅助性活动	265.6	225.6	15.2
煤炭开采和洗选业	61 729.7	29 111.7	24 173.7
石油和天然气开采业	393.2	153.4	125.5
黑色金属矿采选业	53 591.6	11 582.3	16 649.9
有色金属矿采选业	65 759.2	9 366.4	24 525.9
非金属矿采选业	19 643.3	12 641.6	3 734.6
开采专业及辅助性活动	378.6	155.3	204.6
其他采矿业	4.2	2.8	0.9
农副食品加工业	7 408.7	6 862.4	307.7
食品制造业	1 113.0	787.0	215.5
酒、饮料和精制茶制造业	1 536.7	1 327.9	149.8
烟草制品业	302.7	287.5	7.3
纺织业	742.3	585.1	159.0
纺织服装、服饰业	103.6	85.4	17.3
皮革、毛皮、羽毛及其制品和制鞋业	118.0	86.2	24.8
木材加工和木、竹、藤、棕、草制品业	2 129.8	1 699.7	117.1
家具制造业	437.8	356.7	21.9
造纸和纸制品业	2 847.6	2 289.9	408.5
印刷和记录媒介复制业	251.1	217.6	22.8
文教、工美、体育和娱乐用品制造业	56.0	46.7	5.1
石油、煤炭及其他燃料加工业	8 123.8	3 252.1	4 498.6
化学原料和化学制品制造业	35 626.3	22 877.2	6 932.8
医药制造业	426.6	302.9	91.3
化学纤维制造业	479.5	446.5	19.7
橡胶和塑料制品业	424.3	362.0	40.5
非金属矿物制品业	11 118.0	9 805.9	1 078.7
黑色金属冶炼和压延加工业	56 268.8	46 935.3	5 473.1
有色金属冶炼和压延加工业	20 975.3	6 738.6	3 995.9
金属制品业	2 173.1	1 803.9	251.8
通用设备制造业	1 264.1	1 162.8	61.3
专用设备制造业	571.8	459.7	60.6
汽车制造业	1 177.9	978.7	136.6
铁路、船舶、航空航天和其他运输设备制造业	537.6	273.4	201.6
电气机械和器材制造业	619.2	477.4	125.4
计算机、通信和其他电子设备制造业	1 540.4	1 259.5	225.4
仪器仪表制造业	11.4	6.4	3.0
其他制造业	41.4	17.6	2.4
废弃资源综合利用业	2 604.0	1 272.5	364.8
金属制品、机械和设备修理业	107.3	74.5	10.2
电力、热力生产和供应业	77 307.3	55 224.2	15 791.1
燃气生产和供应业	45.1	35.2	1.4
水的生产和供应业	553.8	441.1	105.6

各工业行业危险废物产生及利用处置情况

（2019）

单位：吨

行业名称	危险废物产生量	危险废物利用处置量
行业汇总	**81 259 548.8**	**75 392 825.4**
农、林、牧、渔专业及辅助性活动	1 522.1	1 438.1
煤炭开采和洗选业	27 080.5	23 591.6
石油和天然气开采业	2 313 181.1	2 003 199.1
黑色金属矿采选业	10 831.2	9 127.6
有色金属矿采选业	5 495 088.2	2 583 685.1
非金属矿采选业	39 524.3	2 185.7
开采专业及辅助性活动	48 777.3	43 457.0
其他采矿业	0.3	0.2
农副食品加工业	43 669.9	43 330.8
食品制造业	44 661.1	42 862.6
酒、饮料和精制茶制造业	7 243.1	7 155.6
烟草制品业	3 147.9	3 003.9
纺织业	90 240.3	83 265.0
纺织服装、服饰业	13 383.4	13 182.1
皮革、毛皮、羽毛及其制品和制鞋业	116 970.5	107 838.0
木材加工和木、竹、藤、棕、草制品业	28 420.1	25 132.4
家具制造业	48 685.3	43 282.7
造纸和纸制品业	2 745 903.8	2 728 614.1
印刷和记录媒介复制业	107 203.1	98 748.8
文教、工美、体育和娱乐用品制造业	25 383.2	23 222.4
石油、煤炭及其他燃料加工业	11 872 188.8	11 709 856.7
化学原料和化学制品制造业	15 060 564.8	14 624 934.0
医药制造业	1 759 868.4	1 728 491.1
化学纤维制造业	522 996.8	521 277.9
橡胶和塑料制品业	280 059.4	249 112.0
非金属矿物制品业	1 349 275.6	1 235 018.1
黑色金属冶炼和压延加工业	8 469 211.5	8 271 633.5
有色金属冶炼和压延加工业	14 178 962.4	13 535 020.6
金属制品业	3 401 557.7	3 220 222.0
通用设备制造业	507 676.3	496 718.2
专用设备制造业	165 648.7	155 335.3
汽车制造业	740 682.7	704 498.4
铁路、船舶、航空航天和其他运输设备制造业	180 755.4	174 360.2
电气机械和器材制造业	1 017 134.3	952 512.8
计算机、通信和其他电子设备制造业	3 493 113.0	3 413 097.0
仪器仪表制造业	9 811.0	8 718.8
其他制造业	26 393.5	25 022.3
废弃资源综合利用业	870 077.7	735 208.4
金属制品、机械和设备修理业	52 612.4	50 119.5
电力、热力生产和供应业	5 942 247.8	5 583 259.5
燃气生产和供应业	147 500.4	111 815.8
水的生产和供应业	293.6	270.4

各工业行业污染治理情况（一）
（2019）

行业名称	废水治理设施数量/套	废水治理设施治理能力/（万吨/日）	废水治理设施运行费用/万元
行业汇总	**69 200**	**17 195.3**	**8 075 179.8**
农、林、牧、渔专业及辅助性活动	193	12.0	2 666.6
煤炭开采和洗选业	2 444	1 174.2	180 851.9
石油和天然气开采业	300	368.3	143 010.5
黑色金属矿采选业	215	141.9	13 940.8
有色金属矿采选业	675	465.6	86 793.9
非金属矿采选业	268	96.1	14 562.4
开采专业及辅助性活动	33	6.4	1 733.5
其他采矿业	15	6.8	962.7
农副食品加工业	9 631	743.9	242 037.3
食品制造业	3 483	1 325.1	171 387.4
酒、饮料和精制茶制造业	2 719	337.6	128 235.4
烟草制品业	115	14.3	12 390.5
纺织业	4 334	1 101.7	692 621.9
纺织服装、服饰业	633	75.1	22 658.4
皮革、毛皮、羽毛及其制品和制鞋业	1 101	146.5	73 812.5
木材加工和木、竹、藤、棕、草制品业	343	11.3	4 698.0
家具制造业	456	4.1	3 744.0
造纸和纸制品业	1 967	1 474.9	511 215.7
印刷和记录媒介复制业	510	7.3	5 479.6
文教、工美、体育和娱乐用品制造业	493	7.7	6 905.8
石油、煤炭及其他燃料加工业	897	562.3	667 497.1
化学原料和化学制品制造业	7 033	1 110.5	1 129 000.9
医药制造业	3 784	218.5	356 972.5
化学纤维制造业	367	176.1	117 311.5
橡胶和塑料制品业	1 127	46.5	28 153.6
非金属矿物制品业	2 164	288.1	55 961.4
黑色金属冶炼和压延加工业	1 525	4 789.7	854 876.6
有色金属冶炼和压延加工业	1 577	200.6	204 887.2
金属制品业	6 700	235.1	294 047.2
通用设备制造业	1 502	38.1	33 754.6
专用设备制造业	928	40.5	19 417.6
汽车制造业	2 652	107.2	119 961.7
铁路、船舶、航空航天和其他运输设备制造业	809	52.7	21 168.9
电气机械和器材制造业	1 546	85.9	93 586.2
计算机、通信和其他电子设备制造业	3 501	493.6	551 032.9
仪器仪表制造业	182	7.9	5 473.2
其他制造业	611	23.1	19 522.8
废弃资源综合利用业	416	21.3	42 815.0
金属制品、机械和设备修理业	170	4.8	4 143.0
电力、热力生产和供应业	1 512	715.9	162 528.2
燃气生产和供应业	31	20.1	963 424.3
水的生产和供应业	238	436.0	9 934.8

各工业行业污染治理情况（二）
（2019）

行业名称	废气治理设施数量/套	脱硫设施	脱硝设施	除尘设施	VOCs治理设施	废气治理设施运行费用/万元
行业汇总	**315 586**	**46 269**	**27 699**	**162 799**	**78 819**	**23 396 539.1**
农、林、牧、渔专业及辅助性活动	745	214	47	456	28	8 673.3
煤炭开采和洗选业	3 966	1 271	443	2 245	7	81 107.7
石油和天然气开采业	209	87	17	93	12	19 820.3
黑色金属矿采选业	840	73	20	745	2	32 153.1
有色金属矿采选业	1 124	130	29	964	1	27 322.0
非金属矿采选业	1 992	214	66	1 701	11	49 066.5
开采专业及辅助性活动	86	21	6	57	2	1 218.1
其他采矿业	115	25	15	56	19	1 335.6
农副食品加工业	8 457	1 582	805	5 768	302	166 111.0
食品制造业	3 420	785	504	1 938	193	109 012.0
酒、饮料和精制茶制造业	1 986	520	235	1 127	104	50 139.3
烟草制品业	454	41	26	368	19	25 388.8
纺织业	8 022	1 098	666	2 431	3 827	281 103.7
纺织服装、服饰业	625	131	54	318	122	14 139.4
皮革、毛皮、羽毛及其制品和制鞋业	3 276	177	113	752	2 234	40 051.9
木材加工和木、竹、藤、棕、草制品业	7 263	378	250	4 330	2 305	133 316.8
家具制造业	11 560	94	62	5 274	6 130	194 907.9
造纸和纸制品业	4 643	1 187	717	1 916	823	331 211.3
印刷和记录媒介复制业	5 135	89	46	293	4 707	93 951.8
文教、工美、体育和娱乐用品制造业	2 184	41	33	751	1 359	24 651.9
石油、煤炭及其他燃料加工业	5 400	1 253	977	2 054	1 116	1 445 218.9
化学原料和化学制品制造业	29 151	4 113	2 688	12 683	9 667	1 599 737.0
医药制造业	5 707	588	435	2 007	2 677	227 449.0
化学纤维制造业	1 509	264	225	402	618	105 021.3
橡胶和塑料制品业	17 285	643	324	4 697	11 621	300 197.7
非金属矿物制品业	73 951	15 378	6 610	49 710	2 253	2 578 177.2
黑色金属冶炼和压延加工业	11 259	1 531	728	8 805	195	5 381 903.8
有色金属冶炼和压延加工业	8 537	1 849	620	5 528	540	1 061 099.0
金属制品业	19 833	811	640	12 091	6 291	397 965.5
通用设备制造业	7 712	152	127	4 377	3 056	117 436.7
专用设备制造业	4 756	86	90	2 445	2 135	83 628.0
汽车制造业	10 930	174	252	5 110	5 394	361 738.9
铁路、船舶、航空航天和其他运输设备制造业	3 185	73	74	1 561	1 477	74 820.7
电气机械和器材制造业	6 308	109	168	2 528	3 503	164 874.0
计算机、通信和其他电子设备制造业	6 550	203	372	2 152	3 823	297 288.6
仪器仪表制造业	420	5	12	133	270	6 301.8
其他制造业	2 120	143	86	1 014	877	48 620.9
废弃资源综合利用业	2 699	347	114	1 705	533	77 205.0
金属制品、机械和设备修理业	492	15	10	170	297	9 621.5
电力、热力生产和供应业	31 518	10 334	8 955	11 979	250	7 358 688.4
燃气生产和供应业	154	39	38	60	17	14 823.7
水的生产和供应业	8	1	0	5	2	39.0

11

各地区生态环境管理统计

各地区生态环境信访情况

（2019）

单位：件

地区名称	电话举报数量	微信举报数量	网上举报数量	来信、来访已办结数量
总　计	**1 334 712**	**195 950**	**62 239**	**183 834**
国家级	—	9	36	—
北　京	117 540	3 318	907	6 828
天　津	0	2 598	981	377
河　北	28 067	10 262	5 194	3 775
山　西	12 888	5 678	1 494	4 915
内蒙古	4 688	1 612	572	3 108
辽　宁	35 882	5 403	1 642	3 670
吉　林	26 770	3 248	639	11 123
黑龙江	20 541	2 384	742	3 709
上　海	21 882	4 619	2 535	1 044
江　苏	137 887	11 479	4 898	5 819
浙　江	53 198	7 959	2 822	2 234
安　徽	42 461	6 553	3 316	2 616
福　建	27 006	7 455	2 335	3 732
江　西	13 117	5 015	1 546	9 199
山　东	110 722	10 450	8 096	5 593
河　南	74 054	12 318	4 804	7 010
湖　北	33 066	6 269	1 960	5 597
湖　南	51 270	5 273	1 556	6 587
广　东	238 922	49 487	7 203	64 465
广　西	72 338	7 695	1 172	5 649
海　南	14 256	849	240	2 940
重　庆	94 627	4 781	953	3 698
四　川	22 368	5 941	1 781	2 171
贵　州	5 992	2 372	548	673
云　南	13 856	3 992	1 510	6 652
西　藏	707	0	28	162
陕　西	24 282	4 842	1 480	1 238
甘　肃	14 505	1 618	583	5 653
青　海	5 977	243	170	956
宁　夏	9 385	623	137	1 047
新　疆	6 458	1 605	359	1 594

各地区承办的人大建议和政协提案情况

（2019）

单位：件

地区名称	承办的人大建议数	承办的政协提案数
总　计	**7 486**	**7 827**
国家级	500	318
北　京	87	19
天　津	76	111
河　北	379	478
山　西	299	271
内蒙古	52	65
辽　宁	227	211
吉　林	43	49
黑龙江	71	63
上　海	79	109
江　苏	393	565
浙　江	507	473
安　徽	394	458
福　建	145	206
江　西	116	180
山　东	274	375
河　南	591	632
湖　北	463	547
湖　南	710	320
广　东	510	643
广　西	187	191
海　南	58	71
重　庆	185	249
四　川	282	299
贵　州	176	175
云　南	206	277
西　藏	108	89
陕　西	70	100
甘　肃	126	104
青　海	49	23
宁　夏	33	87
新　疆	90	69

各地区环境法制与标准情况

（2019）

单位：件

地区名称	当年受理行政复议案件数量	当年颁布地方性环保法规数量	当年废止地方性环保法规数量	现行有效的地方性环保法规总数	当年颁布地方性环保规章数量	现行有效的地方性环保规章总数	当年发布的地方环境保护标准数量/项
总　计	1 447	152	15	632	42	286	72
国家级	109	0	0	0	0	0	0
北　京	36	1	0	3	0	1	5
天　津	28	2	0	6	0	6	12
河　北	81	7	0	25	2	6	2
山　西	19	13	0	33	3	7	6
内蒙古	22	8	2	17	0	3	0
辽　宁	42	8	1	28	1	14	3
吉　林	5	1	0	12	0	23	1
黑龙江	21	4	0	17	0	5	1
上　海	76	0	0	3	0	7	3
江　苏	33	5	0	25	1	10	0
浙　江	23	0	0	39	0	13	0
安　徽	49	4	0	23	10	23	1
福　建	91	9	0	24	0	11	1
江　西	29	3	0	11	0	1	8
山　东	0	6	0	34	2	9	7
河　南	72	16	0	27	2	6	1
湖　北	19	7	0	38	9	40	0
湖　南	40	8	0	18	1	3	1
广　东	246	7	5	63	1	15	5
广　西	55	5	0	13	0	3	2
海　南	50	2	0	9	6	16	0
重　庆	159	1	2	9	0	6	0
四　川	40	7	0	30	0	7	5
贵　州	16	5	3	40	0	6	2
云　南	40	4	0	18	3	14	0
西　藏	0	0	0	2	0	6	0
陕　西	5	5	0	17	0	2	0
甘　肃	19	6	0	14	0	3	5
青　海	3	0	1	4	0	4	0
宁　夏	2	3	0	17	1	7	0
新　疆	17	5	1	13	0	9	1

各地区清洁生产审核情况

（2019）

地区名称	当年全国开展强制性清洁生产审核评估企业数量/家
总　计	**5 798**
国家级	—
北　京	49
天　津	73
河　北	628
山　西	217
内蒙古	5
辽　宁	53
吉　林	101
黑龙江	14
上　海	68
江　苏	1 011
浙　江	437
安　徽	203
福　建	117
江　西	116
山　东	449
河　南	589
湖　北	122
湖　南	91
广　东	785
广　西	53
海　南	19
重　庆	138
四　川	204
贵　州	48
云　南	24
西　藏	0
陕　西	61
甘　肃	90
青　海	12
宁　夏	11
新　疆	10

管辖海域未达到第一类海水水质标准的海域面积

（2019）

单位：平方千米

海　区	合计	第二类水质海域面积	第三类水质海域面积	第四类水质海域面积	劣于第四类水质海域面积
全　国	**89 670**	**34 330**	**18 440**	**8 560**	**28 340**
渤　海	12 740	8 770	2 210	750	1 010
黄　海	11 550	4 890	5 410	490	760
东　海	52 610	15 820	8 270	6 280	22 240
南　海	12 770	4 850	2 550	1 040	4 330

管辖海域海区废弃物倾倒及石油勘探开发污染物排放入海情况

（2019）

海　区	海洋废弃物/万米 ^{3}	生产污水/万米 ^{3}	泥浆/米 ^{3}	钻屑/米 ^{3}	机舱污水/米 ^{3}	食品废弃物/吨	生活污水/万米 ^{3}
全　国	**19 117**	**21 003**	**100 856**	**215 162**	**1 217**	**1 217**	**87**
渤　海	2 235	765	14 686	53 134			40
黄　海	3 126						
东　海	7 623	185	595	2 236		454	0.4
南　海	6 133	20 053	85 575	159 792	1 217	762	46

各地区环境影响评价情况

（2019）

地区名称	当年审批的建设项目投资总额/万元	当年审批的建设项目环保投资总额/万元	当年建设项目环境影响评价文件审批数量/项	当年建设项目环境影响登记表备案数量/项
总　计	**1 902 393 303.1**	**72 187 171.0**	**219 972**	**1 164 994**
国家级	68 745 000.0	1 490 000.0	31	0
北　京	16 446 861.5	345 380.1	898	35 136
天　津	17 313 657.4	969 224.5	2 675	21 001
河　北	110 227 664.6	5 881 695.6	17 239	73 939
山　西	38 728 046.6	1 855 410.5	5 788	12 118
内蒙古	32 421 435.3	2 261 372.0	3 480	23 891
辽　宁	48 463 058.1	1 777 487.1	6 119	11 821
吉　林	22 697 539.3	831 093.8	2 888	11 622
黑龙江	18 000 041.9	807 620.9	2 622	9 870
上　海	31 094 148.0	646 726.9	4 150	42 879
江　苏	207 686 691.8	7 939 166.2	19 008	80 020
浙　江	112 060 329.4	2 790 646.4	16 328	50 629
安　徽	94 056 326.1	4 064 411.7	8 889	47 799
福　建	57 955 667.3	1 546 666.2	6 976	17 225
江　西	78 862 043.1	2 729 529.4	6 833	19 168
山　东	146 104 857.6	7 236 174.5	22 286	145 015
河　南	79 266 787.8	2 315 342.5	11 913	59 581
湖　北	54 726 986.4	1 837 082.6	2 912	54 320
湖　南	40 811 991.1	1 818 093.6	4 992	18 670
广　东	125 705 183.7	8 687 625.0	30 432	146 392
广　西	62 665 257.3	1 511 779.5	5 000	11 976
海　南	12 647 401.1	356 437.9	746	4 336
重　庆	48 115 807.7	1 083 336.5	4 060	31 708
四　川	123 151 661.9	2 444 156.7	9 278	57 907
贵　州	49 305 912.3	1 367 875.1	3 997	19 500
云　南	54 826 691.5	1 779 304.1	4 133	37 567
西　藏	6 609 281.3	79 982.1	941	9 284
陕　西	53 568 421.9	1 931 132.4	6 208	37 793
甘　肃	21 173 707.6	505 342.3	2 187	31 601
青　海	12 953 260.6	282 493.0	914	7 510
宁　夏	11 599 036.0	867 868.4	1 040	6 623
新　疆	44 402 546.9	2 146 713.5	5 009	28 093

各地区环境监测情况（一）

（2019）

地区名称	监测用房面积/米²	监测业务经费/万元	环境监测—监测仪器设备数量/台（套）	环境监测—监测仪器设备原值总值/万元	环境空气监测点位数/个	国控监测点位	酸雨监测点位/个	沙尘天气影响环境质量监测点位数/个
总　计	**3 170 602.3**	**1 997 444.5**	**389 313.0**	**3 965 510.2**	**8 688**	1 436	763	143
国家级	14 954.0	109 917.8	20 323.0	173 338.3	—	—	—	—
北　京	28 990.4	35 674.1	9 004.0	85 472.3	35	12	0	0
天　津	26 400.5	14 294.1	4 384.0	45 516.5	26	15	9	1
河　北	155 882.3	104 035.8	17 058.0	127 376.7	550	53	0	0
山　西	93 844.6	22 137.0	15 131.0	60 941.9	349	58	27	2
内蒙古	157 358.2	33 253.8	14 913.0	307 240.6	136	44	24	20
辽　宁	102 901.3	29 792.9	19 165.0	113 745.2	167	77	60	9
吉　林	62 736.7	23 850.6	7 791.0	52 048.2	134	33	22	5
黑龙江	68 396.7	119 833.9	7 672.0	354 557.1	103	57	34	0
上　海	84 576.1	62 426.7	8 701.0	125 856.7	107	10	21	0
江　苏	80 365.0	22 928.7	10 726.0	40 061.4	234	72	111	72
浙　江	134 668.2	94 077.3	19 673.0	219 822.4	216	47	69	0
安　徽	102 291.1	43 375.6	9 865.0	77 456.4	183	68	0	0
福　建	98 113.0	40 244.5	12 773.0	98 364.5	193	37	47	0
江　西	119 444.1	155 347.0	10 279.0	563 583.4	120	60	23	0
山　东	143 836.5	118 019.1	20 208.0	117 727.0	1 713	74	0	0
河　南	139 485.0	110 543.9	19 807.0	138 233.9	2 141	75	50	1
湖　北	111 589.1	43 459.0	13 506.0	93 587.8	150	51	45	0
湖　南	141 994.1	101 671.1	16 068.0	67 294.1	188	78	36	0
广　东	214 507.9	139 629.4	27 477.0	220 143.7	412	102	22	0
广　西	111 217.8	220 096.7	11 450.0	163 462.3	123	50	0	0
海　南	23 362.3	15 081.5	3 903.0	40 732.9	89	7	28	0
重　庆	87 833.4	47 768.7	14 044.0	79 432.7	93	17	0	0
四　川	248 184.0	86 269.5	28 976.0	195 893.7	291	94	0	0
贵　州	135 119.8	23 365.7	2 862.0	39 446.3	127	33	21	0
云　南	157 852.9	30 599.7	15 232.0	63 911.5	162	40	35	0
西　藏	11 146.4	8 790.6	1 535.0	6 747.8	25	18	3	0
陕　西	59 554.0	78 426.5	6 051.0	41 631.1	205	50	0	0
甘　肃	63 590.9	20 828.4	8 064.0	64 715.4	151	33	30	9
青　海	29 520.4	8 722.8	2 827.0	22 605.2	65	11	5	3
宁　夏	15 773.8	11 108.4	2 176.0	29 273.1	45	19	10	5
新　疆	145 112.0	21 873.8	7 669.0	135 290.0	155	41	31	16

各地区环境监测情况（二）

（2019）

单位：个

地区名称	地表水水质监测断面（点位）数量	国控断面数	集中式饮用水水源地监测点位数量	地表水监测点位数量	地下水监测点位数量	近岸海域监测点位数量
总　计	**11 310**	**2 653**	**6 684**	**4 297**	**2 479**	**1 196**
北　京	192	25	14	1	13	0
天　津	129	27	10	6	4	35
河　北	424	99	543	73	470	0
山　西	261	71	614	96	518	0
内蒙古	172	81	112	9	103	0
辽　宁	121	110	51	21	30	158
吉　林	218	95	157	72	85	0
黑龙江	133	116	103	35	68	0
上　海	973	27	5	5	0	55
江　苏	398	148	128	116	12	78
浙　江	1 227	144	126	126	0	171
安　徽	526	113	111	84	27	0
福　建	231	71	118	111	7	252
江　西	343	100	161	159	2	0
山　东	593	145	235	135	100	278
河　南	169	131	164	54	110	0
湖　北	725	168	146	146	0	0
湖　南	345	69	156	150	6	0
广　东	985	165	221	227	86	0
广　西	190	78	77	70	7	44
海　南	142	36	233	135	98	125
重　庆	541	81	1 456	1 262	194	0
四　川	637	96	1 066	785	281	0
贵　州	176	65	23	22	1	0
云　南	668	138	243	233	10	0
西　藏	47	23	21	4	17	0
陕　西	150	44	38	26	12	0
甘　肃	174	38	128	71	57	0
青　海	76	19	59	25	34	0
宁　夏	73	16	42	10	32	0
新　疆	271	114	123	28	95	0

各地区环境监测情况（三）

（2019）

地区名称	开展环境噪声监测的监测点位数量/个	区域环境噪声监测点位数量	道路交通噪声监测点位数量	功能区环境噪声监测点位数量	开展污染源监督性监测的重点企业数量/家
总　计	**79 079**	**55 220**	**21 039**	**2 820**	**40 272**
北　京	728	185	523	20	439
天　津	564	340	204	20	1 064
河　北	3 493	2 147	1 255	91	3 234
山　西	3 071	2 365	626	80	1 034
内蒙古	3 523	2 388	1 067	68	647
辽　宁	4 369	3 213	1 077	79	1 209
吉　林	1 728	1 033	585	110	329
黑龙江	3 460	2 428	925	107	467
上　海	495	249	194	52	1 590
江　苏	3 859	2 435	1 246	178	4 159
浙　江	3 085	2 061	880	144	4 897
安　徽	3 066	2 152	774	140	861
福　建	1 678	1 131	474	73	833
江　西	2 136	1 410	602	124	1 251
山　东	5 012	3 647	1 193	172	4 234
河　南	4 345	3 362	902	81	1 146
湖　北	2 861	2 001	754	106	1 193
湖　南	3 002	1 963	892	147	1 036
广　东	5 890	3 497	2 182	211	3 443
广　西	2 232	1 696	496	40	926
海　南	590	423	154	13	229
重　庆	658	491	145	22	844
四　川	4 767	3 843	757	167	1 707
贵　州	1 605	1 152	395	58	500
云　南	3 364	2 568	665	131	902
西　藏	231	195	32	4	22
陕　西	2 205	1 709	422	74	577
甘　肃	2 460	1 757	588	115	531
青　海	264	224	35	5	191
宁　夏	1 032	754	241	37	241
新　疆	3 306	2 401	754	151	536

各地区辐射环境监测情况

（2019）

地区名称	辐射环境监测业务经费/万元	辐射环境监测用房面积/米 ^{2}	辐射环境监测仪器设备原值总值/万元	辐射环境监测仪器设备数量/台（套）
总　计	**607 086**	**126 286**	**2 544 156**	**14 742**
北　京	2 609	1 620	10 035	457
天　津	1 232	550	1 925	125
河　北	546	2 579	3 913	340
山　西	1 952	2 330	118 387	480
内蒙古	1 406	2 765	9 841	381
辽　宁	2 874	2 969	2 519	305
吉　林	1 155	2 170	43 504	263
黑龙江	583	777	2 365	152
上　海	4 398	1 853	9 301	614
江　苏	3 298	4 069	26 388	1 324
浙　江	6 827	9 782	12 749	760
安　徽	714	3 410	3 032	195
福　建	4 977	9 181	10 362	439
江　西	978	3 139	4 436	378
山　东	2 531	2 820	6 000	749
河　南	679	2 062	11 174	637
湖　北	545 116	3 794	749 550	422
湖　南	297	1 512	1 223 909	250
广　东	6 073	17 282	8 405	1 004
广　西	3 421	9 939	59 806	709
海　南	1 973	4 617	5 065	490
重　庆	2 091	8 758	4 312	717
四　川	2 859	14 073	12 258	691
贵　州	536	2 220	3 825	521
云　南	1 155	2 390	4 028	798
西　藏	1 317	1 236	872	59
陕　西	2 277	1 059	184 271	294
甘　肃	616	1 942	3 955	548
青　海	1 007	1 545	3 832	319
宁　夏	601	1 831	1 931	159
新　疆	989	2 011	2 208	162

各地区环境监察执法情况（一）

（2019）

地区名称	已实施自动监控的重点排污单位数量/家	已实施自动监控的重点排污单位中排放口数量/个		已实施自动监控的重点排污单位中监控设备与生态环境部门稳定联网数量/家				
		水排放口数量	气排放口数量	COD监控设备与生态环境部门稳定联网数量	NH_3-N监控设备与生态环境部门稳定联网数量	SO_2监控设备与生态环境部门稳定联网数量	NO_x监控设备与生态环境部门稳定联网数量	烟尘监控设备与生态环境部门稳定联网数量
总　计	**23 818**	**16 437**	**23 539**	**16 058**	**14 798**	**17 838**	**17 417**	**21 610**
北　京	225	173	343	167	167	74	296	93
天　津	319	206	486	205	203	212	336	273
河　北	2 115	1 470	2 592	1 438	1 227	1 687	1 702	2 489
山　西	705	246	1 573	246	241	1 188	1 030	1 528
内蒙古	540	240	905	240	224	768	697	897
辽　宁	931	467	1 214	461	459	1 017	972	1 178
吉　林	327	211	468	210	201	400	397	463
黑龙江	387	227	388	227	218	353	346	386
上　海	370	288	433	269	223	185	199	136
江　苏	1 979	1 653	1 142	1 624	1 405	984	988	1 097
浙　江	2 035	1 700	910	1 615	1 511	652	662	690
安　徽	1 111	863	797	839	763	647	621	760
福　建	535	413	471	405	364	330	335	453
江　西	702	539	391	531	481	309	303	384
山　东	2 675	1 597	3 386	1 587	1 542	2 787	2 648	3 159
河　南	980	680	1 279	664	585	948	904	1 253
湖　北	781	579	481	557	499	380	342	448
湖　南	462	335	330	313	289	291	271	318
广　东	2 184	1 783	1 095	1 741	1 671	951	982	1 007
广　西	468	318	523	312	286	324	361	512
海　南	163	127	119	127	127	75	85	102
重　庆	447	347	288	341	318	232	225	277
四　川	1 058	735	875	722	606	641	577	826
贵　州	376	224	430	216	209	319	292	413
云　南	424	260	448	260	257	289	258	438
陕　西	521	271	685	267	257	556	547	598
甘　肃	275	155	407	145	144	300	217	364
青　海	67	31	106	31	29	90	58	106
宁　夏	162	87	238	87	86	215	202	236
新　疆	494	212	736	211	206	634	564	726

各地区环境监察执法情况（二）

（2019）

地区名称	纳入日常监管随机抽查信息库的污染源数量/家	日常监管随机抽查污染源数量/家	下达处罚决定书数量/个	罚没额数额/万元
总　计	**827 573**	**665 297**	**162 818**	**1 187 801.4**
北　京	42 391	76 105	6 446	20 161.8
天　津	32 721	5 403	2 950	17 890.2
河　北	50 407	54 582	22 074	108 309.2
山　西	25 738	19 761	5 724	62 618.7
内蒙古	5 983	7 859	4 176	36 937.0
辽　宁	21 602	17 143	1 905	22 673.9
吉　林	30 574	10 612	1 162	7 448.8
黑龙江	14 842	13 578	649	10 847.1
上　海	47 337	6 714	2 427	33 868.6
江　苏	127 599	63 441	14 158	124 620.8
浙　江	52 711	27 362	9 829	87 227.7
安　徽	22 150	14 646	3 373	21 971.3
福　建	25 551	12 647	4 146	32 240.5
江　西	10 954	6 240	2 318	20 771.4
山　东	54 558	53 212	16 585	109 832.9
河　南	37 780	32 174	15 665	69 839.1
湖　北	18 161	19 897	2 916	28 341.7
湖　南	27 830	37 833	3 376	20 153.7
广　东	66 847	31 739	16 623	148 451.8
广　西	10 321	9 719	1 997	18 006.2
海　南	1 802	1 634	695	11 681.1
重　庆	16 159	8 201	3 864	25 713.6
四　川	35 702	27 925	5 553	39 310.6
贵　州	16 600	10 568	1 394	15 694.2
云　南	7 280	17 600	2 455	21 221.8
西　藏	2 795	13 870	235	1 352.7
陕　西	8 384	10 103	5 579	33 901.2
甘　肃	1 688	35 353	1 417	14 447.7
青　海	1 370	1 675	365	2 943.3
宁　夏	1 546	4 479	656	6 365.9
新　疆	8 190	13 222	2 106	12 894.1

各地区环境监察执法情况（三）

（2019）

地区名称	举办环境执法岗位培训班期数量/期	环境执法岗位培训人数/人	举办其他环境执法业务培训期数量/期	环境执法其他业务培训人数/人
总　计	**102**	**12 356**	**6 718**	**202 754**
国家级	15	1 456	42	9 214
北　京	2	135	50	1 493
天　津	1	65	32	1 129
河　北	11	1 111	489	16 852
山　西	17	1 578	303	8 092
内蒙古	0	0	60	3 488
辽　宁	0	0	131	3 411
吉　林	1	80	149	2 876
黑龙江	2	168	163	6 553
上　海	2	583	85	3 774
江　苏	4	665	293	13 589
浙　江	8	762	357	12 201
安　徽	3	455	197	5 400
福　建	1	234	77	2 474
江　西	2	242	129	3 189
山　东	4	637	244	11 024
河　南	1	1 200	873	15 887
湖　北	6	900	386	6 481
湖　南	1	150	525	9 830
广　东	0	0	314	18 387
广　西	2	221	220	3 102
海　南	1	70	50	956
重　庆	2	210	95	4 048
四　川	2	275	488	21 133
贵　州	3	202	77	1 391
云　南	1	86	104	1 937
西　藏	0	0	86	625
陕　西	5	260	231	4 891
甘　肃	2	230	201	3 422
青　海	1	100	39	796
宁　夏	1	200	67	2 487
新　疆	1	81	161	2 622

各地区环境应急情况

（2019）

单位：次

地区名称	突发环境事件数量	特别重大环境事件数量	重大环境事件数量	较大环境事件数量	一般环境事件数量
总　计	**261**	**0**	**0**	**3**	**258**
北　京	17	0	0	0	17
天　津	2	0	0	0	2
河　北	4	0	0	0	4
山　西	15	0	0	0	15
内蒙古	2	0	0	0	2
辽　宁	10	0	0	0	10
吉　林	0	0	0	0	0
黑龙江	0	0	0	0	0
上　海	0	0	0	0	0
江　苏	9	0	0	1	8
浙　江	10	0	0	0	10
安　徽	6	0	0	0	6
福　建	9	0	0	0	9
江　西	8	0	0	0	8
山　东	8	0	0	0	8
河　南	10	0	0	0	10
湖　北	19	0	0	1	18
湖　南	25	0	0	0	25
广　东	26	0	0	0	26
广　西	4	0	0	0	4
海　南	0	0	0	0	0
重　庆	3	0	0	0	3
四　川	25	0	0	0	25
贵　州	8	0	0	0	8
云　南	0	0	0	0	0
西　藏	0	0	0	0	0
陕　西	26	0	0	1	25
甘　肃	4	0	0	0	4
青　海	2	0	0	0	2
宁　夏	5	0	0	0	5
新　疆	4	0	0	0	4

12

主要生态环境统计指标解释

12.1 工业企业污染排放及处理利用情况

取水量指调查年度企业厂区内用于工业生产活动的水量中从外部取水的量。根据《工业企业产品取水定额编制通则》（GB/T 18820—2002），工业生产的取水量，包括取自地表水（以净水厂供水计量）、地下水、城镇供水工程，以及企业从市场购得的其他水（如其他企业回用水量）或水的产品（如蒸汽、热水、地热水等）的水量。其中，工业生产包括主要生产、辅助生产和附属生产。

工业生产的用水量包括主要生产用水、辅助生产（包括机修、运输、空压站等）用水和附属生产用水（包括绿化、食堂、厕所、保健站等）；不包括非工业生产单位的用水（如基建用水、厂内居民家庭用水和企业附属幼儿园、学校、对外营业的浴室、游泳池等的用水量）和居民生活用水量。

煤炭消耗量指调查年度企业所用煤炭的总消耗量。

燃料煤消耗量指调查年度企业厂区内用作燃料的煤炭消耗量（实物量），包括企业厂区内生产、生活用燃料煤，也包括砖瓦、石灰等产品生产用的内燃煤，不包括在生产工艺中用作原料并能转换成新的产品实体的煤炭消耗量。例如转换为水泥、焦炭、煤气、碳素、活性炭、氮肥的煤炭。

燃料油消耗量（不含车船用）指调查年度企业用作燃料的原油、汽油、柴油、煤油等各种油料总消耗量，不包括车船交通用油量。

焦炭消耗量指调查年度企业消耗的焦炭总量。

天然气消耗量指调查年度企业用作燃料的天然气消耗量。

工业锅炉数量指调查年度企业厂区内用于生产和生活的大于1蒸吨（含1蒸吨）的蒸汽锅炉、热水锅炉总台数和总蒸吨数，包括燃煤、燃油、燃气的锅炉，不包括茶炉。

其中，

20蒸吨以上的指调查年度企业厂区内用于生产和生活的大于20蒸吨的蒸汽锅炉、热水锅炉总台数和总蒸吨数。

安装脱硫设施的指调查年度企业厂区内用于生产和生活的大于20蒸吨的蒸汽锅炉、热水锅炉中安装了脱硫设施的总台数和总蒸吨数。

10～20（含）蒸吨的指调查年度企业厂区内用于生产和生活的大于10蒸吨小于20蒸吨（含20蒸吨）的蒸汽锅炉、热水锅炉总台数和总蒸吨数。

10（含）蒸吨以下的指调查年度企业厂区内用于生产和生活的小于10蒸吨（含10蒸吨）的蒸汽锅炉、热水锅炉总台数和总蒸吨数。

工业炉窑数量指调查年度企业生产用的炉窑总数，如炼铁高炉、炼钢炉、冲天炉、烘干炉窑、锻造加热炉、水泥窑、石灰窑等。

工业废水排放量指调查年度经过企业厂区所有排放口排到企业外部的工业废水量。包括生产废水、外排的直接冷却水、废气治理设施废水、超标排放的矿井地下水和与工业废水混排的厂区生活污水，不包括独立外排的间接冷却水（清浊不分流的间接冷却水应计算在内）。

直接冷却水指在生产过程中，为满足工艺过程需要，使产品或半成品冷却所用与之直接接触的冷却水（包括调温、调湿使用的直流喷雾水）。

间接冷却水指在工业生产过程中，为保证生产设备能在正常温度下工作，用来吸收或转移生产设备的多余热量，所使用的冷却水（此冷却用水与被冷却介质之间由热交换器壁或设备隔开）。

直接排入环境的指废水经过工厂的排污口或经过下水道直接排入环境中，包括排入海、河流、湖泊、水库、蒸发地、渗坑以及农田等。对应的排水去向代码为 A、B、C、D、F、G、K。

排入污水处理厂的指企业产生的废水直接或间接经市政管网排入污水处理厂的废水量，包括排入城镇污水处理厂、工业废水集中处理厂以及其他单位的污水治理设施的废水量。对应的排水去向代码为 E、L、H。

工业废水处理量指经各种水治理设施（含城镇污水处理厂、工业废水处理厂）实际处理的工业废水量，包括处理后外排的和处理后回用的工业废水量。虽经处理但未达到国家或地方排放标准的废水量也应计算在内。计算时，如遇有车间和厂排放口均有治理设施，并对同一废水分级处理时，不应重复计算工业废水处理量。

工业废水中污染物产生量指调查年度调查对象生产过程中产生的未经过处理的废水中所含的化学需氧量、氨氮、总氮、总磷、石油类、挥发酚、氰化物等污染物和砷、铅、汞、镉、六价铬、总铬等重金属本身的纯质量。它可采用产排污系数根据生产的产品产量或原辅料用量计算求得，也可以通过工业废水产生量和其中污染物的浓度相乘求得，计算公式为

污染物产生量（纯质量）= 工业废水产生量 × 废水治理设施入口污染物的平均浓度（无治理设施可使用排口浓度）

计算砷、铅、汞、镉、六价铬、总铬等重金属污染物时，上述计算公式中“工业废水产生量”为产生重金属废水的车间年实际产生的废水量，“废水治理设施入口污染物的平均浓度”为该车间废水治理设施入口的年实际加权平均浓度，如没有设施则为车间排口的年实际加权平均浓度。

工业废水中污染物排放量指调查年度企业排放的工业废水中所含化学需氧量、氨氮、总氮、总磷、石油类、挥发酚、氰化物等污染物和砷、铅、汞、镉、六价铬等重金属本身的纯质量。它可采用产排污系数根据生产的产品产量或原辅料用量计算求得，也可以通过工业废水排放量和其中污染物的浓度相乘求得，计算公式为

污染物排放量（纯质量）=工业废水排放量 × 排放口污染物的平均浓度

（1）如企业排出的工业废水经城镇污水处理厂或工业废水处理厂集中处理的，计算化学需氧量、氨氮、总氮、总磷、石油类、挥发酚、氰化物等污染物时，上述计算公式中“排放口污染物的平均浓度”即为污水处理厂排放口的年实际加权平均浓度。如果厂界排放浓度低于污水处理厂的排放浓度，以污水处理厂的排放浓度为准。

(2) 计算砷、铅、汞、镉、六价铬等重金属污染物时，上述计算公式中“工业废水排放量”为车间排放口的年实际废水量，“排放口污染物的平均浓度”为车间排放口的年实际加权平均浓度。

工业废气排放量指调查年度企业厂区内排入空气中含有污染物的气体的总量，以标准状态（273开尔文，101 325帕斯卡）计。

废气污染物产生量指调查年度调查对象相应生产线生产过程中产生的未经过处理的废气中所含的污染物的质量。如二氧化硫、氮氧化物、颗粒物、挥发性有机物。

颗粒物产生量指生产过程中产生的未经过处理的废气中所含的烟尘及工业粉尘的总质量。烟尘是指通过燃烧煤、石煤、柴油、木柴、天然气等产生的烟气中的尘粒。通过有组织排放的，俗称烟道尘。工业粉尘指在生产工艺过程中排放的能在空气中悬浮一定时间的固体颗粒。如钢铁企业耐火材料粉尘、焦化企业的筛焦系统粉尘、烧结机的粉尘、石灰窑的粉尘、建材企业的水泥粉尘等。

废气污染物排放量指调查年度调查对象在生产过程中排入大气的废气污染物的质量，包括有组织排放量和无组织排放量。

废水治理设施数量指调查年度企业用于防治水污染和经处理后综合利用水资源的实有设施（包括构筑物）数，以一个废水治理系统为单位统计。附属于设施内的水治理设备和配套设备不单独计算。备用的、调查年度未运行的、已经报废的设施不统计在内。

只填报企业内部的废水治理设施，工业废水排入的城镇污水处理厂、集中工业废水处理厂不能算作企业的废水治理设施。企业内的废水治理设施包括一级、二级和三级处理的设施，如企业有2个排污口，1个排污口为一级处理（隔油池、化粪池、沉淀池等），另1个排污口为二级处理（如生化处理），则该企业有2套废水治理设施；若该企业只有1个排污口，经由该排污口的废水先经过一级处理，再经二级（甚至三级）处理后外排，则该企业视为1套废水治理设施。即针对同一股废水的所有水治理设备均视为1套治理设施，针对不同废水的水治理设备可视为多套治理设施。

废水治理设施处理能力指调查年度企业内部的所有废水治理设施具有的废水处理能力。

废水治理设施运行费用指调查年度企业维持废水治理设施运行所发生的费用。包括能源消耗、设备维修、人员工资、管理费、药剂费及与设施运行有关的其他费用等。

废气治理设施数量指调查年度企业用于减少排向大气的污染物或对污染物加以回收利用的废气治理设施总数，以一个废气治理系统为单位统计。包括除尘、脱硫、脱硝及其他的污染物的烟气治理设施。备用的、调查年度未运行的、已报废的设施不统计在内。

废气治理设施处理能力指调查年度企业废气治理设施的处理能力。

废气治理设施运行费用指调查年度维持废气治理设施运行所发生的费用。包括能源消耗、设备折旧、设备维修、人员工资、管理费、药剂费及与设施运行有关的其他费用等。

一般工业固体废物产生量指当年全年调查对象实际产生的一般工业固体废物的量。一般工业固体废物指企业在工业生产过程中产生且不属于危险废物的工业固体废物。根据其性质分为两种：

(1) 第Ⅰ类一般工业固体废物：按照HJ 557规定方法获得的浸出液中任何一种特征污染物浓度

均未超过 GB 8978 最高允许排放浓度（第二类污染物最高允许排放浓度按照一级标准执行），且 pH 在 6～9 的一般工业固体废物；

(2) 第Ⅱ类一般工业固体废物：按照 HJ 557 规定方法获得的浸出液中有一种或一种以上的特征污染物浓度超过 GB 8978 最高允许排放浓度（第二类污染物最高允许排放浓度按照一级标准执行），或 pH 在 6～9 的一般工业固体废物。

主要包括：

代码	名称	代码	名称
SW01	冶炼废渣	SW07	污泥
SW02	粉煤灰	SW08	放射性废物
SW03	炉渣	SW09	赤泥
SW04	煤矸石	SW10	磷石膏
SW05	尾矿	SW99	其他废物
SW06	脱硫石膏		

不包括矿山开采的剥离废石和掘进废石（煤矸石和呈酸性或碱性的废石除外）。酸性或碱性废石是指采掘的废石其流经水、雨淋水的 pH 小于 4 或 pH 大于 10.5 者。

冶炼废渣指在冶炼生产中产生的高炉渣、钢渣、铁合金渣等，不包括列入《国家危险废物名录》(2016 年版）中的金属冶炼废物。

粉煤灰指从燃煤过程产生烟气中收捕下来的细微固体颗粒物，不包括从燃煤设施炉膛排出的灰渣。主要来自电力、热力的生产和供应行业和其他使用燃煤设施的行业，又称飞灰或烟道灰。主要从烟道气体收集而得，应与其烟尘去除量基本相等。

炉渣指企业燃烧设备从炉膛排出的灰渣，不包括燃料燃烧过程中产生的烟尘。

煤矸石指与煤层伴生的一种含碳量低、比煤坚硬的黑灰色岩石，包括巷道掘进过程中的掘进矸石，采掘过程中从顶板、底板及夹层里采出的矸石以及洗煤过程中挑出的洗矸石。主要来自煤炭开采和洗选行业。

尾矿指矿山选矿过程中产生的有用成分含量低、在当前的技术经济条件下不宜进一步分选的固体废物，包括各种金属和非金属矿石的选矿。主要来自采矿业。

脱硫石膏指废气脱硫的湿式石灰石/石膏法工艺中，吸收剂与烟气中二氧化硫等反应后生成的副产物。

污泥指污水处理厂污水处理中排出的、以干泥量计的固体沉淀物，不包括列入《国家危险废物名录》（2016 版）属于危险废物的污泥。

赤泥指含铝的矿物原料制取氧化铝或氢氧化铝后所产生的废渣。

磷石膏指在磷酸生产中用硫酸分解磷矿时产生的二水硫酸钙、酸不溶物，未分解磷矿及其他杂质的混合物。主要来自磷肥制造业。

其他废物指除上述 10 类一般工业固体废物以外的未列入《国家危险废物名录》（2016 年版）中

的固体废物，如机械工业切削碎屑、研磨碎屑、废砂型等；食品工业的活性炭渣；硅酸盐工业和建材工业的砖、瓦、碎砾、混凝土碎块等。

一般工业固体废物产生量=（一般工业固体废物综合利用量-其中：综合利用往年贮存量）+一般工业固体废物贮存量+（一般工业固体废物处置量-其中：处置往年贮存量）+ 一般工业固体废物倾倒丢弃量

一般工业固体废物综合利用量指调查年度企业通过回收、加工、循环、交换等方式，从固体废物中提取或者使其转化为可以利用的资源、能源和其他原材料的固体废物量（包括当年利用的往年工业固体废物累计贮存量）。如用作农业肥料、生产建筑材料、筑路等。综合利用量由原产生固体废物的单位统计。

工业固体废物综合利用的主要方式：

序号	综合利用方式	序号	综合利用方式
1	铺路	9	再循环/再利用不是用作溶剂的有机物
2	建筑材料	10	再循环/再利用金属和金属化合物
3	农肥或土壤改良剂	11	再循环/再利用其他无机物
4	矿渣棉	12	再生酸或碱
5	铸石	13	回收污染减除剂的组分
6	其他	14	回收催化剂组分
7	作为燃料（直接燃烧除外）或以其他方式产生能量	15	废油再提炼或其他废油的再利用
8	溶剂回收/再生（如蒸馏、萃取等）	16	其他有效成分回收

综合利用往年贮存量指企业在调查年度对往年贮存的工业固体废物进行综合利用的量。

一般工业固体废物贮存量指调查年度企业以综合利用或处置为目的，将固体废物暂时贮存或堆存在专设的贮存设施或专设的集中堆存场所内的量。专设的固体废物贮存场所或贮存设施必须有防扩散、防流失、防渗漏、防止污染大气、水体的措施。

粉煤灰、钢渣、煤矸石、尾矿等的贮存量指排入灰场、渣场、矸石场、尾矿库等贮存的量。

专设的固体废物贮存场所或贮存设施指符合环保要求的贮存场，即选址、设计、建设符合《一般工业固体废物贮存、处置场污染控制标准》（GB 18599—2001）等相关环保法律法规要求，具有防扩散、防流失、防渗漏、防止污染大气和水体措施的场所和设施。

工业固体废物贮存的主要方式：

序号	贮存方式
1	灰场堆放
2	渣场堆放
3	尾矿库堆放
4	其他贮存（不包括永久性贮存）

一般工业固体废物处置量指调查年度企业将工业固体废物焚烧和用其他改变工业固体废物的物理、化学、生物特性的方法，达到减少或者消除其危险成分的活动，或者将工业固体废物最终置于符合环境保护规定要求的填埋场的活动中，所消纳固体废物的量。

处置方式包括填埋、焚烧、专业贮存场（库）封场处理、回填矿井及海洋处置（经海洋管理部门同意投海处置）等。

处置量包括本单位处置或委托给外单位处置的量，还包括当年处置的往年工业固体废物贮存量。

工业固体废物处置的主要方式：

处置方式
围隔堆存（属永久性处置）
填埋
置放于地下或地上（如填埋、填坑、填浜）
特别设计填埋
海洋处置
经生态环境管理部门同意的投海处置
埋入海床
焚化
陆上焚化
海上焚化
水泥窑协同处置（指将满足或经过预处理后满足入窑要求的固体废物投入水泥窑，在进行水泥熟料生产的同时实现对固体废物的无害化处置过程）
固化
其他处置（属于未在上面5种指明的处置作业方式外的处置）
废矿井永久性堆存（包括将容器置于矿井）
土地处理（属于生物降解，适合于液态固体废物或污泥固体废物）
地表存放（将液态固体废物或污泥固体废物放入坑、氧化塘、池中）
生物处理
物理化学处理
经生态环境管理部门同意的排入海洋之外的水体（或水域）
其他处理方法

处置往年贮存量指调查年度企业按照《关于固体废物处置、综合利用的作业方式的规定》的要求，处置的上一调查年度末企业累计贮存的工业固体废物的量。

一般工业固体废物倾倒丢弃量指调查年度企业将所产生的固体废物倾倒或者丢弃到固体废物污染防治设施、场所以外的量。倾倒丢弃方式包括：

（1）向水体排放的固体废物；

（2）在江河、湖泊、运河、渠道、海洋的滩场和岸坡倾倒、堆放和存贮废物；

（3）利用渗井、渗坑、渗裂隙和溶洞倾倒废物；

（4）向路边、荒地、荒滩倾倒废物；

（5）未经环保部门同意作填坑、填河和土地填埋固体废物；

(6) 混入生活垃圾进行堆置的废物；

(7) 未经海洋管理部门批准同意，向海洋倾倒废物；

(8) 其他去向不明的废物；

(9) 深层灌注。

一般工业固体废物倾倒丢弃量计算公式为

一般工业固体废物倾倒丢弃量＝一般工业固体废物产生量－一般工业固体废物贮存量－（一般工业固体废物综合利用量－其中：综合利用往年贮存量）－（一般工业固体废物处置量－其中：处置往年贮存量）

危险废物产生量按《国家危险废物名录》填报。危险废物指列入国家危险废物名录或者根据国家规定的危险废物鉴别标准和鉴别方法认定的，具有爆炸性、易燃性、易氧化性、毒性、腐蚀性、易传染性疾病等危险特性之一的废物。

危险废物利用处置量指调查年度调查对象从危险废物中提取物质作为原材料或者燃料的活动中消纳危险废物的量，以及将危险废物焚烧和用其他改变危险废物物理、化学、生物特性的方法，达到减少或者消除其危险成分的活动，或者将危险废物最终置于符合环境保护规定要求的填埋场的活动中，所消纳危险废物的量。包括本单位自行利用处置的本单位产生和接收外单位危险废物量。

危险废物的利用或处置方式：

代码	说明
	危险废物（不含医疗废物）利用方式
R1	作为燃料（直接燃烧除外）或以其他方式产生能量
R2	溶剂回收/再生（如蒸馏、萃取等）
R3	再循环/再利用不是用作溶剂的有机物
R4	再循环/再利用金属和金属化合物
R5	再循环/再利用其他无机物
R6	再生酸或碱
R7	回收污染减除剂的组分
R8	回收催化剂组分
R9	废油再提炼或其他废油的再利用
R15	其他
	危险废物（不含医疗废物）处置方式
D1	填埋
D9	物理化学处理（如蒸发、干燥、中和、沉淀等），不包括填埋或焚烧前的预处理
D10	焚烧
D16	其他
	其他
C1	水泥窑协同处置
C2	生产建筑材料
C3	清洗（包装容器）
	医疗废物处置方式
Y10	医疗废物焚烧
Y11	医疗废物高温蒸汽处理
Y12	医疗废物化学消毒处理
Y13	医疗废物微波消毒处理
Y16	医疗废物其他处置方式

危险废物利用处置往年贮存量指调查年度调查对象对往年贮存的危险废物进行处置和综合利用的量。

危险废物送持证单位量指将所产生的危险废物运往持有危险废物经营许可证的单位综合利用、进行处置或贮存的量。危险废物经营许可证是根据《危险废物经营许可证管理办法》由相应管理部门审批颁发。

危险废物（本年末）贮存量指截至调查年度年末，调查对象将危险废物以一定包装方式暂时存放在专设的贮存设施内的量。专设的贮存设施应符合《危险废物贮存污染控制标准》（GB 18597—2001）等相关环保法律法规要求，具有防扩散、防流失、防渗漏、防止污染大气和水体措施的设施。

12.2 工业企业污染防治投资情况

污染治理项目名称指以治理老污染源的污染、“三废”综合利用为主要目的的工程项目名称，或本年完成建设项目竣工环境保护验收的项目名称。

项目类型指按照不同的项目性质，老工业源污染治理项目分为两类，并给予不同的代码。

1-老工业污染源治理在建项目；2-老工业污染源治理本年竣工项目。

治理类型指按照不同的企业污染治理对象，污染治理项目分为 14 类：

1-工业废水治理；2-工业废气脱硫治理；3-工业废气脱硝治理；4-其他废气治理；5-一般工业固体废物治理；6-危险废物治理（企业自建设施）；7-噪声治理（含振动）；8-电磁辐射治理；9-放射性治理；10-工业企业土壤污染治理；11-矿山土壤污染治理；12-污染物自动在线监测仪器购置安装；13-污染治理搬迁；14-其他治理（含综合防治）。

本年完成投资及资金来源指在调查年度，企业实际用于环境治理工程的投资额。投资额中的资金来源，是指投资单位在本年内收到的用于污染治理项目投资的各种货币资金，包括排污费补助、政府其他补助、企业自筹。各种来源的资金均为调查年度投入的资金，不包括以往历年的投资。

本年污染治理资金合计＝排污费补助+政府其他补助+企业自筹

竣工项目设计或新增处理能力设计能力是指设计中规定的主体工程（或主体设备）及相应的配套的辅助工程（或配套设备）在正常情况下能够达到的处理能力。调查年度竣工的污染治理项目，属新建项目的填写设计文件规定的处理、利用“三废”能力；属改扩建、技术改造项目的填写经改造后新增加的处理利用能力，不包括改扩建之前原有的处理能力；只更新设备或重建构筑物，处理利用“三废”能力没有改变的则不填。

工业废水设计处理能力的计量单位为吨/天（t/d）；工业废气设计处理能力的计量单位为标米^3/时（m^3/h）；工业固体废物设计处理能力的计量单位为吨/天（t/d）；噪声治理（含振动）设计处理能力以降低分贝数表示；电磁辐射治理设计处理能力以降低电磁辐射强度表示（电磁辐射计量单位有电场

强度单位为伏特/米（V/m）、磁场强度单位为安培/米（A/m）、功率密度单位为瓦特/米^2（W/m^2）。放射性治理设计处理能力以降低放射性浓度表示，废水计量单位为贝可勒尔/升（Bq/L），固体废物计量单位为贝可勒尔/千克（Bq/kg）。

12.3 大型畜禽养殖场污染排放及处理利用情况

饲养量指被调查对象当年饲养的畜禽（奶牛、蛋鸡）平均存栏数量，或调查对象当年畜禽（生猪、肉牛、肉鸡）出栏总数。

取水量指调查年度养殖场区内用于生产活动的水量中从外部取水的量。包括取自地表水（以净水厂供水计量）、地下水、城镇供水工程，以及从市场购得的其他水（如其他企业回用水量）或水的产品（如蒸汽、热水、地热水等），不包括自取的海水和苦咸水等以及为外供给市场的水的产品（如蒸气、热水、地热水等）而取用的水量，也不包括对天然水、污水、海水以及雨水、微咸水等类似水进行收集、处理后作为产品供应和利用而取用的水量。

固肥产生量指调查年度养殖场由所调查的畜种所产生的固态肥料的总量，包括粪和垫料等。

接收外单位固肥量指调查年度接收的其他养殖场的、在本场进行利用的固态肥料量。

固肥利用量指调查年度养殖场经过各种方式进行利用的固肥总量。

送外单位处理利用量指调查年度养殖场送到其他单位以各种方式进行利用的总量。

液肥产生量指调查年度养殖场由所调查的畜种所产生的液态肥料的总量，包括尿液和冲刷粪、尿的废水。

接收外单位液肥量指调查年度接收的其他养殖场的、在本场进行利用的液态肥料量。

液肥利用量指调查年度养殖场经过各种方式进行利用的液肥总量。

农业利用包括直接农业利用、简单堆肥后利用、种植食用菌、水产养殖。

生产有机肥指通过生物发酵、干燥等工艺制成商品有机肥。

生产沼气指通过厌氧发酵生产沼气、沼气得到有效利用的处理方式。

处理后排放指尿液、污水经过耗氧或厌氧等各种方式处理后排入环境。

无利用包括直接排入环境、没有固定防雨堆场的粪尿处理方式。

12.4 生活污染排放及处理情况

生活煤炭消费量指报告期内调查区域用作生活的煤炭总量，包括第三产业及居民生活用煤。生活煤炭消费量计算公式为

生活煤炭消费量 = 全社会煤炭消费总量–工业用煤炭消费总量

生活用水总量指报告期内调查区域住宿业与餐饮业、居民服务和其他服务业、医院以及城镇生活等的用水总量（含自来水和自备水），包括居民家庭用水和公共服务用水两个部分（包括自来水和自备水），以城市供水管理部门的统计数据为准。

生活污水排放量用城镇污水排放系数法测算。

生活污水污染物产生量指报告期内各类生活源从贮存场所排入市政管道、排污沟渠和周边环境的量。

生活污水污染物排放量指报告期内最终排入外环境生活污水污染物的量，即生活污水污染物产生量扣减经集中污水处理设施去除的生活污水污染物量。

12.5 机动车

载客汽车指设计和技术特性上主要用于载运人员的汽车，包括以载运人员为主要目的的专用汽车。

载货汽车指设计和技术特性上主要用于载运货物或牵引挂车的汽车，包括以载运货物为主要目的的专用汽车。

低速汽车指三轮汽车和低速货车的总称。

摩托车指由动力装置驱动的，具有两个或三个车轮的道路车辆，但不包括：①整车整备质量超过400千克的三轮车辆；②最大设计车速、整车整备质量、外廓尺寸等指标符合有关国家标准的残疾人机动车轮骑车；③电驱动的，最大设计车速不大于20千米/时且整车整备质量符合相关国家标准的两轮车辆。

12.6 污水处理厂

污水处理厂包括城镇生活污水处理厂、工业废（污）水集中处理设施和其他污水处理设施。

城镇生活污水处理厂指在城镇或工业区，城市污水（生活污水、工业废水）通过排水管道集中于一个或几个处所，并利用由各种处理单元组成的污水处理系统进行净化处理，最终使处理后的污水和污泥达到规定要求后排放或再利用的设施。

工业废（污）水集中处理设施指提供社会化有偿服务，专门从事为工业园区、联片工业企业或周边企业处理工业废水（包括一并处理周边地区生活污水）的集中设施或独立运营的单位。不包括企业内部的污水处理设施。

其他污水处理设施指对不能纳入城市污水收集系统的居民区、风景旅游区、度假村、疗养院、机场、铁路车站以及其他人群聚集地排放的污水进行就地集中处理的设施。

污水处理厂累计完成投资指截至当年末调查对象建设实际完成的累计投资额，不包括运行费用。

新增固定资产指报告期内交付使用的固定资产价值。对于新建污水处理厂，本年新增固定资产投资等于总投资；对于改建、扩建污水处理厂，本年新增固定资产投资仅指报告期内交付使用的改建、扩建部分的固定资产投资，属于累计完成投资的一部分。

本年运行费用指报告期内维持污水处理厂（或处理设施）正常运行所发生的费用。包括能源消耗、设备维修、人员工资、管理费、药剂费及与污水处理厂（或处理设施）运行有关的其他费用等，不包括设备折旧费。

污水设计处理能力指截至当年末调查对象设计建设的设施正常运行时每天能处理的污水量。

污水实际处理量指调查对象报告期内实际处理的污水总量。

生活污水处理量指调查对象报告期内实际处理的污水中生活污水总量。

工业废水处理量指调查对象报告期内实际处理的污水中工业废水总量。

再生水利用量指调查对象报告期内处理后的污水中再回收利用的水量，包括直接用于工业冷却、洗涤、冲渣和景观用水、生活杂用。

工业用水量指调查对象报告期内污水再生水利用量中用于工业冷却用水等工业方面的水量。

市政用水指调查对象报告期内污水再生水利用量中用于消防、城市绿化等市政方面的水量。

景观用水量指调查对象报告期内污水再生水利用量中用于营造城市景观水体和各种水景构筑物的水量。

污泥产生量指调查对象报告期内在整个污水处理过程中最终产生污泥的质量。折合含水率为 0 的干泥量填报。污泥指污水处理厂（或处理设施）在进行污水处理过程中分离出来的固体。

干污泥产生量=湿污泥产生量×（1−n%）

式中：n%为湿污泥的含水率。

污泥处理量指报告期内采用土地利用、填埋、建筑材料利用和焚烧等方法对污泥最终消纳处置的质量。

土地利用量指报告期内将处理后的污泥作为肥料或土壤改良材料，用于园林、绿化或农业等场合的处置方式处置的污泥质量。

填埋处置量指报告期内采取工程措施将处理后的污泥集中堆、填、埋于场地内的安全处置方式处置的污泥质量。

建筑材料利用量指报告期内将处理后的污泥作为制作建筑材料的部分原料的处置方式处置的污泥质量。

焚烧处置量指报告期内利用焚烧炉使污泥完全矿化为少量灰烬的处置方式处置的污泥质量。

污泥倾倒丢弃量指报告期内不做处理利用处置而将污泥任意倾倒弃置到划定的污泥堆放场所以外的任何区域的质量。

12.7 生活垃圾处理场（厂）

垃圾处理场（厂）包括垃圾填埋场（厂）、堆肥场（厂）、焚烧场（厂）和其他方式处理垃圾的处理场（厂）。其中，垃圾焚烧场（厂）不包括垃圾焚烧发电厂，垃圾焚烧发电厂纳入工业源调查。

生活垃圾处理场（厂）累计完成投资指截至当年末调查对象建设实际完成的累计投资额，不包括运行费用。

本年新增固定资产指报告期内交付使用的固定资产价值。对于新建垃圾处理场（厂），本年新增固定资产投资等于总投资；对于改建、扩建垃圾处理场（厂），本年新增固定资产投资仅指报告期内交付使用的改建、扩建部分的固定资产投资，属于累计完成投资的一部分。

本年运行费用指报告期内维持垃圾处理场（厂）正常运行所发生的费用。包括能源消耗、设备维修、人员工资、管理费及与垃圾处理场（厂）运行有关的其他费用等，不包括设备折旧费。

本年实际处理量指报告期内对垃圾采取焚烧、填埋、堆肥或其他方式处理的垃圾总质量。

本年实际填埋量指报告期内以填埋方式处理的垃圾总质量。

本年实际堆肥量指报告期内以堆肥方式处理的垃圾总质量。

本年实际焚烧处理量指调查对象报告期内焚烧处理垃圾的总量。

渗滤液产生量指调查对象报告期内实际产生的渗滤液量。如果没有计量装置可按照产污系数计算产生量。

渗滤液排放量指调查对象报告期内排放到外部的渗滤液的总量(包括经过处理的和未经处理的)。如果没有计量装置可按照排污系数计算排放量。

渗滤液污染物产生量指报告期内未经过处理的渗滤液中所含的化学需氧量、氨氮、油类、总磷、挥发酚、氰化物、砷和汞、镉、铅、铬等重金属污染物本身的纯质量。按年产生量填报。

渗滤液污染物排放量指报告期内排放的渗滤液中所含的化学需氧量、氨氮、油类、总磷、挥发酚、氰化物、砷和汞、镉、铅、铬等重金属污染物本身的纯质量。按年排放量填报。

焚烧废气污染物产生量指报告期内垃圾焚烧过程中产生的未经过处理的废气中所含的二氧化硫、氮氧化物、烟尘和汞、镉、铅等重金属及其化合物（以重金属元素计）的固态、气态污染物的纯质量。按年产生量填报。

焚烧废气污染物排放量指报告期内垃圾焚烧过程中排放到大气中的废气（包括处理过的、未经过处理）中所含的二氧化硫、氮氧化物、烟尘和汞、镉、铅等重金属及其化合物（以重金属元素计）的固态、气态污染物的纯质量。按年排放量填报。

12.8 危险废物（医疗废物）集中处理厂

集中式污染治理设施危险废物集中处理厂指服务于一定区域专营或兼营危险废物集中处理且有危险废物经营许可证的危险废物集中处理厂，不包括危险废物收集经营许可证单位。

危险废物（医疗废物）集中处理厂累计完成投资指截至当年末，调查对象建设实际完成的累计投资额，不包括运行费用。

新增固定资产指报告期内交付使用的固定资产价值。对于新建危险废物（医疗废物）集中处置厂，本年新增固定资产投资等于总投资；对于改建、扩建危险废物（医疗废物）集中处置厂，本年新增固定资产投资仅指报告期内交付使用的改建、扩建部分的固定资产投资，属于累计完成投资的一部分。

本年运行费用指报告期内维持危险废物集中处理厂正常运行所发生的费用。包括能源消耗、设备维修、人员工资、管理费及与危险废物集中处理厂运行有关的其他费用等，不包括设备折旧费。

本年实际处置危险废物量指报告期内调查对象将危险废物焚烧和用其他改变危险废物的物理、化学、生物特性的方法，达到减少已产生的危险废物数量、缩小危险废物体积、减少或者消除其危险成分的活动，或者将危险废物最终置于符合环境保护规定要求的填埋场的活动中，所消纳危险废物的量。

处置工业危险废物量指调查对象报告期内采用各种方式处置的工业危险废物的总量。医疗废物集中处理厂不得填写该项指标。

处置医疗废物量指调查对象报告期内采用各种方式处置的医疗废物的总量。

处置其他危险废物量指调查对象报告期内采用各种方式处置的除工业危险废物和医疗废物以外其他危险废物的总质量，如教学科研单位实验室、机械电器维修、胶卷冲洗、居民生活等产生的危险废物。医疗废物集中处理厂不得填写该项指标。

本年实际利用量指调查对象年度内容以综合利用方式处理的危险废物总质量。

本年实际填埋处置量指调查对象报告期内以填埋方式处置的危险废物总质量。

本年实际焚烧处置量指调查对象报告期内以焚烧方式处置的危险废物总质量。

废水产生量指调查对象报告期内实际产生的废水量。如果没有计量装置可按照产污系数计算产生量。

废水排放量指调查对象报告期内排放到外部的废水的总量（包括经过处理的和未经处理的）。如果没有计量装置可按照排污系数计算排放量。

废水处理量指调查对象调查年度内废水处理设施实际处理的废水总量。未经处理排入市政管网且未进入其他污水处理厂的量不计。

渗滤液污染物产生量指报告期内未经过处理的渗滤液中所含的汞、镉、铅、铬等重金属和砷、氰化物、挥发酚、化学需氧量、氨氮、总磷等污染物本身的纯质量。按年产生量填报。

渗滤液污染物排放量指报告期内排放的渗滤液中所含的汞、镉、铅、总铬等重金属和砷、氰化物、挥发酚、石油类、化学需氧量、氨氮、总磷等污染物本身的纯质量。按年排放量填报。

焚烧废气污染物产生量指报告期内危险废物焚烧过程中产生的未经过处理的废气中所含的二氧化硫、氮氧化物、烟尘和汞、镉、铅等重金属及其化合物（以重金属元素计）的固态、气态污染物的纯质量。按年产生量填报。

焚烧废气污染物排放量指报告期内危险废物焚烧过程中排放到大气中的废气（包括处理过的、未经过处理）中所含的二氧化硫、氮氧化物、烟尘和汞、镉、铅等重金属及其化合物（以重金属元素计）的固态、气态污染物的纯质量。按年排放量填报。

12.9 环境管理

当年受理行政复议案件数量指报告期内本级环保部门受理的所有行政复议案件数量（含非环保案件），包括已受理但未办结的案件；但不包含非本统计年受理而在本统计年内办理或办结的案件。

当年颁布地方性环保法规数量指报告期内由本级地方人大及其常委会颁布的新制定或者修订的，且范围限于由环保部门牵头起草或落实的地方性环保法规数量。

当年废止地方性环保法规数量指报告期内由本级地方人大及其常委会颁布废止的，且范围限于由环保部门牵头起草或落实的地方性环保法规数量。

现行有效的地方性环保法规总数指报告期内由本级地方人大及其常委会颁布的现行有效的，且范围限于由环保部门牵头起草或落实的地方性环保法规总数。

当年颁布地方性环保规章数量指报告期内由本级地方人民政府新制定或者修订，以政府令形式颁布的，且范围限于由环保部门牵头起草或落实的地方性环保规章的数量。

现行有效的地方性环保规章总数指报告期内由本级地方人民政府新制定或者修订，以政府令形式颁布的现行有效的，且范围限于由环保部门牵头起草或落实的地方性环保规章的数量。

当年发布的地方环境保护标准数量指报告期内本级环保部门组织制定的、以地方标准形式发布的环境质量标准、污染物排放（控制）标准、环境监测方法标准、环境管理规范等标准的数量。

当年全国开展强制性清洁生产审核评估企业数量指报告期内本级环保部门组织开展强制性清洁生产审核评估的企业数，包括通过评估和未通过评估的企业总数，以环保部门出具的评估意见或结论时间为准。

审批和备案的建设项目投资总额指报告期内批复和备案环评文件的建设项目投资总额，包含非本年度受理但在本年度批复环评文件的项目。

审批和备案的建设项目环保投资总额指报告期内批复和备案环评文件的建设项目环保投资总额，包含非本年度受理但在本年度批复环评文件的项目。

建设项目环评文件审批数量指报告期内批复的建设项目环境影响报告书和环境影响报告表数量，包含非本年度受理但在本年度批复的项目数量。

环境监测部门/机构数量指各级环保部门内设环境管理部门及所属环境监测机构批复数量，其中，“环境监测中心（站）机构”单独统计，并统计其中“通过检验监测机构资质认定”的机构数量；“其他环境监测类机构”包括部分地区单独设立的预警预报、生态遥感、环境监控、区域流域等功能性专业监测机构。

环境监测人员数量指各级环保部门内设环境管理部门及所属环境监测机构批复编制数量。其中，“环境监测中心（站）人员”单独统计；“其他环境监测类人员”包括部分地区单独设立的预警预报、生态遥感、环境监控、区域流域等功能性专业监测人员。并分别统计两类“通过环境监测人员持证上岗考核”的人员数量。

环境监测用房面积指开展环境监测工作所需的实验室用房、监测业务用房、监测站房等面积，包括租赁用房。

环境监测业务经费指各级环保部门环境监测业务经费保障情况。其中，本级经费包括应列入本级财政预算的人员经费、公用经费、行政事业类项目经费、能力建设项目经费及科研经费等；专项经费包括上级补助性收入、专项转移支付资金、专项课题经费等；事业收入指开展监测服务活动所取得的收入。

监测仪器设备台（套）数及原值总值指基本仪器设备、应急监测仪器设备和专项监测仪器设备等各类监测仪器设备的数量及购置总金额。

环境空气监测点位数量指按照《环境空气质量监测点位布设技术规范（试行）》建设，包含环境空气质量评价城市点、环境空气质量评价区域点、环境空气质量背景点、污染监控点、路边交通点等已建成并使用的监测点位的数量。

其中，

国控监测点位数量指位于本辖区的、由国家批准纳入国家城市环境空气质量监测网络的空气监测点位数量。

酸雨监测点位数量指研究酸雨的时空分布及长期变化的酸雨观测站点位数量。

沙尘天气影响环境质量监测点位数量指监测沙尘天气对环境质量影响的监测点位数量。

地表水水质监测断面（点位）数量指用于对江河、湖泊、水库和渠道的水质监测，包括向国家直接报送监测数据的国控网站、省级、市级、县级控制断面（或垂线）的水质监测点位（断面）数量。

其中，

国控断面（点位）数量指位于本辖区的、由国家组织实施监测的，为反映水体水质状况而设置的监测点位数量。

集中式饮用水水源地监测点位数量指用以监控水源水质变化情况及趋势，为防控风险而设立的监测断面，包括地表水饮用水水源地和地下水饮用水水源地的监测点位数量。

其中，

地表水监测点位数量指位于本辖区的、为反映地表水集中式饮用水水源地水质状况而设置的监测点位数量。

其中，

地下水监测点位数量指位于本辖区的、为反映地下水集中式饮用水水源地水质状况而设置的监测点位数量。

近岸海域监测点位数量指按照《近岸海域环境监测点位布设技术规范》建立，为监测近岸海域环境质量、污染来源及影响而设置的监测点位（断面、排口），包含环境质量监测点位、环境功能区监测点位、潮间带环境质量监测点位、陆域直排海污染源监测点位、入海河流监测断面、海滨浴场监测点位、应急监测点位等的数量。

其中，

近岸海域环境功能区点位数量指位于本辖区的、为反映近岸海域功能区环境质量而布设的监测点位数量。与近岸海域环境质量点位重合的点位应分别统计。

近岸海域环境质量点位数量指位于本辖区的、为反映近岸海域环境质量而布设的环境监测点位数量。与近岸海域环境功能区监测点位重合的点位应分别统计。

开展环境噪声监测的监测点位数量指区域噪声、道路交通噪声、功能区环境噪声监测点位数量的总和。

其中，

区域环境噪声监测点位数量指为评价城市环境噪声总体水平而布设的、本级承担监测任务的监测点位数量。

道路交通噪声监测点位数量指为评价城市道路交通噪声总体水平而布设的、本级承担监测任务的监测点位数量。

功能区环境噪声监测点位数量指为评价声环境功能区昼、夜间达标情况而布设的、本级承担监测任务的监测点位数量。

开展污染源监督性监测的重点排污单位数量指按照相关要求开展污染源监督性监测的重点排污单位数量。

自然保护区个数指报告期内辖区内各级别各类型自然保护区的数量。

自然保护区面积指报告期内辖区内各级别各类型自然保护区的面积。

保护区面积占辖区面积比指报告期内辖区内各级别各类型自然保护区陆地面积占辖区陆地面积的比例。

辐射环境监测用房面积指开展环境监测工作所需的实验室用房、监测业务用房、监测站房等面积，包括租赁用房。

监测仪器设备台套数及原值总值指基本仪器设备、应急监测仪器设备和专项监测仪器设备等各类监测仪器设备的数量及购置总金额。

已实施自动监控的重点排污单位数量指根据污染源自动监控工作进展情况，至报告期末在环保部门污染源监控中心已经实现自动监控的重点排污单位数量。

已实施自动监控的重点排污单位中水排放口数量指已实施自动监控重点排污单位中，环保部门污染源监控中心能够实施自动监控的水排放口数量。

已实施自动监控的重点排污单位中气排放口数量指已实施自动监控重点排污单位中，环保部门污染源监控中心能够实施自动监控的气排放口数量。

已实施自动监控的重点排污单位中化学需氧量监控设备与环保部门稳定联网数量指已实施自动监控重点排污单位中，其化学需氧量自动监控设备正常运行、自动监控数据（浓度和排放量）能通过数据采集与传输设备与环保部门污染源监控中心稳定联网报送的企业数量。

已实施自动监控的重点排污单位中氨氮监控设备与环保部门稳定联网数量指已实施自动监控重点排污单位中，其氨氮自动监控设备正常运行、自动监控数据（浓度和排放量）能通过数据采集与传输设备与环保部门污染源监控中心稳定联网报送的企业数量。

已实施自动监控的重点排污单位中二氧化硫监控设备与环保部门稳定联网数量指已实施自动监控重点排污单位中，其二氧化硫自动监控设备正常运行、自动监控数据（浓度和排放量）能通过数据采集与传输设备与环保部门污染源监控中心稳定联网报送的企业数量。

已实施自动监控的重点排污单位中氮氧化物监控设备与环保部门稳定联网数量指已实施自动监控重点排污单位中，其氮氧化物自动监控设备正常运行、自动监控数据（浓度和排放量）能通过数据采集与传输设备与环保部门污染源监控中心稳定联网报送的企业数量。

已实施自动监控的重点排污单位中烟尘监控设备与环保部门稳定联网数量指已实施自动监控重点排污单位中，其烟尘自动监控设备正常运行、自动监控数据（浓度和排放量）能通过数据采集与传输设备与环保部门污染源监控中心稳定联网报送的企业数量。

实有环境监察执法人员数量指报告期内，本级环境监察执法机构实有在岗工作人员数量。不包括借调到其他部门、长期休假等人员。

持有环境监察执法证件人员数量指报告期内，本级环境监察执法机构中，持有有效的环境监察执法证件的执法人员数量。

纳入日常监管随机抽查信息库的污染源数量指报告期内，本级环保部门按照《关于在污染源日常环境监管领域推广随机抽查制度的实施方案》要求，列入本级污染源日常监管动态信息库的排污单位数量。

日常监管随机抽查污染源数量指报告期内，本级环保部门按照《关于在污染源日常环境监管领域推广随机抽查制度的实施方案》要求，在日常监管中随机抽查污染源的数量。

下达处罚决定书数量指报告期内，本级环保部门下达行政处罚决定书的数量。

罚没款数额指报告期内，本级环保部门罚没款的总额。

当年突发环境事件发生数量指报告期内本级环保部门处置的所有突发环境事件数。包括已处置但未办结的突发环境事件，但不包含非本统计年发生而在本统计年内处置或办结的突发环境事件。

地级以上城市启动重污染天气应急预案频次指按季度统计行政区内各地级以上城市启动各级别应急预案的次数、持续天数。

本级环保能力建设资金使用总额指本级使用的当年已完成的用于提升水污染防治、大气污染防治、固体废物污染防治、土壤污染防治、生态保护以及核与辐射安全等生态环境保护各领域的环境监测、环境执法、环境预警与应急、环境信息、环境科技、环境宣教等各方面能力的购置固定资产投资。其中本级包含各级环境保护行政主管部门及各类环境保护事业单位。

其中，

水污染防治能力建设资金使用总额指用于水污染防治领域水环境监测仪器设备购置、水质自动监测站点建设、废水排放在线监控设施建设、水污染调查取证监督执法能力建设、水环境监测预警能力建设、水污染环境应急设备装备购置、水污染防治科技与宣教等各类能力建设投入资金。

大气污染防治能力建设资金使用总额指用于大气污染防治领域大气环境监测仪器设备购置、大气自动监测站点建设、废气排放在线监控设施建设、大气污染调查取证监督执法能力建设、大气环境监测预警预报能力建设、大气污染环境应急设备装备购置、大气污染防治科技与宣教等各类能力建设投入资金。

固体废物污染防治能力建设资金使用总额指用于固体废物污染防治领域固体废物监测鉴别仪器设备购置、固体废物信息化管理能力建设、固体废物污染防治科技与宣教等各类能力建设投入资金。

噪声污染防治能力建设资金使用总额指用于噪声污染防治领域声环境质量监测仪器设备购置、噪声在线监测站点建设、噪声隔离与防护能力建设、噪声污染防治信息化管理能力建设、噪声污染防治科技与宣教等各类能力建设投入资金。

土壤污染防治能力建设资金使用总额指用于土壤污染防治领域土壤环境质量监测仪器设备购置、土壤污染状况调查取证及监督执法能力建设、土壤污染环境应急设备装备购置、土壤环境信息化管理能力建设、土壤污染防治科技与宣教等各类能力建设投入资金。

生态保护能力建设资金使用总额指用于生态保护领域生态遥感监测能力与生物多样性地面观测能力建设、生态环境质量调查评估能力建设、生态管护与监督执法能力建设、生态保护监管信息化建设、生态保护科技与宣教等各类能力建设投入资金。

核与辐射安全环境保护能力建设资金使用总额指用于核与辐射安全领域核与辐射环境监测仪器设备购置、辐射环境自动监测能力建设、重要核设施周边监督性监测能力建设、核与辐射监督执法能力建设、核与辐射应急监测调度平台及应急设备装备建设、核与辐射监管信息化建设、核与辐射安全环境保护科技与宣教等各类能力建设投入资金。

环境监管运行保障资金使用总额指各级监测、监察、核与辐射安全、宣教等机构开展污染源与总量减排监管、环境监测与评估、环境信息等业务发生的环境监管运行保障经费。不包含固定资产。

当年完成环保验收项目总投资指调查度完成环保验收项目工程总投资的汇总数额。

当年完成环保验收项目环保投资指调查年度完成环保验收项目环保投资的汇总数额。

生态影响类项目指交通运输（公路，铁路，城市道路和轨道交通，港口和航运，管道运输等）、水利水电、石油和天然气开采、矿山采选、电力生产（风力发电）、农业、林业、牧业、渔业、旅游等行业和海洋、海岸带开发、高压输变电线路等主要对生态造成影响的建设项目。

城市基础设施项目指根据《建设项目环境影响评价分类管理目录》，城市基础设施建设项目包括城市基础设施及房地产（U 类）中煤气生产和供应，城市天然气供应，热力生产和供应，自来水生产和供应，生活污水集中处理，工业废水集中处理，海水淡化、其他水处理利用，管网建设，生活垃圾集中转运站，生活垃圾集中处置，城镇粪便处理，危险废物（含医疗废物）集中处置，仓储，城镇河道、湖泊整治以及废旧资源回收加工再生类别的建设项目。

工业企业项目指根据《建设项目环境影响评价分类管理目录》，工业企业项目包括煤炭（D 类），电力［E 类，不含其他能源发电、送（输）变电工程类别］，黑色金属（G 类），有色金属（H 类），金属制品（I 类），非金属矿采及制品制造（J 类），机械，电子（K 类），石化，化工（L 类），医药（M 类），轻工（N 类），纺织化纤（O 类）类别的建设项目。

新增废水处理设施能力指建设项目新增的废水处理设施处理能力，数据来源于建设项目竣工环境保护“三同时”验收登记表。

新增废气处理设施能力指建设项目新增的废气处理设施处理能力，数据来源于建设项目竣工环境保护“三同时”验收登记表。